KB233096

정보통신기반 방어기술

정보통신기반 방어기술

최은정 지음

한국학술정보㈜

머리말

고속 네트워크의 등장과 하드웨어 기술의 발달로 인해 대규모 고성능 분산 네트워크의 구축이 증가하고 있다. 인터넷과 같은 고성능 분산 네트워크에서는 중앙집중적 관리가 아닌 분산된 다수의 관리자 환경을 갖는다. 이러한 경계 없는 네트워크 환경의 보안은 새로운 수준에서 진단, 대응이 필요하다. 기존의 예방, 탐지 중심의 보안 방식과 달리, 감내, 복구를 위한 기준들이 필요하게 되었다.

이러한 관점에서 다루어지는 방어 기술 대책으로 생존성을 들 수 있다. 생존성은 본연의 조직 목적을 만족시키고 지속적 제공을 위해 공격의 출현에 대해서도 가용한 필수 서비스를 제공하도록 정의한다. 이러한 생존성의 관점에서는 개별적인 시스템 요소에 대한 안정성과 함께 생존하기 위해 만족해야 하는 시스템이 제공하고자 하는 서비스 목적 인지를 위한 인프라의 생존에 관심을 둔다. 방어 메커니즘 정의 지식베이스는 정보통신 방어기술이다.

본서는 정보통신 방어기술인 방어 메커니즘 지식베이스를 소개하고 그 활용방안에 대해 기술하고 있다. 정보통신 방어기술, 생존성 관점에서 방어 메커니즘 지식베이스에 관심이 있는 독자들을 대상으로 한다.

마지막으로 부족한 원고를 출간하기 위해 애써주신 임은정 님과 한국학술정보(주) 출판부 직원들에게 감사드린다.

최은정

④ 방어 메커니즘 지식베이스 구현 ·············57

1.

정보화 사회와 방어 기술

최근 들어, 네트워크 시스템은 고속 네트워크와 고성능 하드웨어 개발로 인해 대규모 분산 네트워크로 발전하게 되었다. 네트워크 시스템의 발전은 컴퓨터 시스템을 기반으로 하는 서버 개체 중심의 관리체계를 벗어나 서버, 네트워크, 기타 네트워크 장비를 포함하는 네트워크 인프라스트럭처의 전체 시스템을 하나의 단위로 관리하게 되었고 고성능 분산 네트워크 구조를 확립하였다[David 99]. 현대 사회의 대표적인 특징으로 경계가 없는 네트워크에서 동작하는 인터넷과 같은 고속 분산 정보시스템의 증가를 들 수 있다. 경계가 없는 네트워크는 지역네트워크의 경계 내에서 중앙의 단일 관리자에 의해 제어되는 것 없이 분산되어 관리된다는 것과, 전체 네트워크에 대한 완벽한 정보를 유지할 수 없다는 특징을 보여 준다[Robert 97].

정보보호 침해사고의 대응을 위한 대부분의 정보보호 방법은 정보통신 인프라의 주요 요소들에 대한 비밀성(confidentiality), 무결성(integrity), 가용성(availability)을 보장하기 위한 노력으로부터 시작된다[Charles 99][Dieter 99]. 이러한 기본원칙 아래서 정보보호를 위한 다양한 기준들이 마련되었는데, DARPA에서는 다음의 [그림 1]과 같이 보안의 4세대를 정의하고 있다. 보안의 첫 번째 세대는 초기 단계로 신뢰할 수 있는 컴퓨팅 환경을 기본으로, 접근 제어, 암호화, 방화벽, 그리고 다른 경계 제어와 같은 방지 단계로 명명할 수 있으며 시스템 운영에 지연을 초래하여 복잡하고, 내부적 연결 그리고 내부적인 정보 공유가 요구된다. 두 번째 세대는 시그너처, 이형태, 그리고 형태적 연관 기술과 같은 사례에 대한 탐지를 목표로 하지만, 100%의 성공적 탐지와 0%의 오류를 만들어 내는 이상적인 탐지로는 여전히 불가능하다. 세 번째 세대는 IA&S(정보보증&생존성) 프로그램으로 첫 번째와 두 번째 세대의 기술을 포함하고 있다. 4세대는 앞으로 다가올 세대로 공격에 대한 자동적 인지와 복구를 지향하고 있다[Jaynarayan 03]. 현재 보안 동향은 3세대에 해당되며, 이것은 공격의 발생 이후의 대응에 주목적을 두고 있으며, 생존성(survivability)과 저항성(resilience)을 주요 목표로 한다. 특히, 생존성(survivability)은 정보보호를 위해 보안, 오류 감내, 안정성, 신뢰성, 재사용, 성능, 인증, 평가와 연관된 포괄적 부분에 대한 대책을 중요시한다[Robert 97].

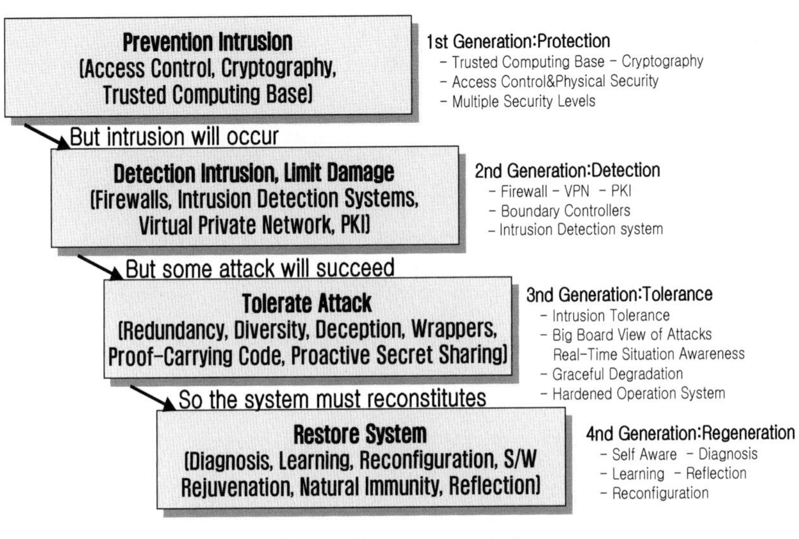

[그림 1] 보안의 4세대

발전하는 정보보호 대책마련을 위해 방어 메커니즘을 설계 및 정의할 수 있다. 방어 메커니즘은 알려진 취약점의 단위를 기본으로 공격의 성공까지의 진행 상태 변화를 기술하고, 상태 변화에 따른 경계화된 방어 기법을 제공한다. 이러한 방어 메커니즘은 공격에 대한 이해와 대응책 마련에 편이성을 제공하며 필요에 따라, 다양하게 활용될 수 있다. 방어 메커니즘의 효과적 활용을 위해 정보통신 인프라에 적용할 수 있는 지식형태로 구현하여 DMKB(Defense Mechanism Knowledge Base)와 웹기반 사용자 인터페이스를 제공한다.

1.1. 생존성(Survivability)

고성능 분산 네트워크 환경의 확장과 함께, 인터넷과 같은 경계가 없는 네트워크 인프라에서 정보보호는 보호와 공격탐지의 수준으로는 한계를 가질 수밖에 없다. 최근 정보보호의 흐름이 생존성에 대한 연구에 관심을 두는 이유도 이와 같다. 생존성은 유효 시간 내에 공격, 실패, 또는 사고가 발생할지라도 원래 목적대로 서비스할 수 있는지에 대한 능력으로 정의된다[David 99][Vickie 04]. 또한, 공격이나 사고, 혹은 오류가 발생하더라도 사용자에게 필요한 서비스를 지속적으로 제공한다[Somesh 01][Nancy 00]. 따라서 사용자 측면에서는 어떠한 상황에서도 필요한 서비스를 제공받을 수 있고, 시스템 측면에서는 피해시스템의 복구와 정상화를 위한 시간을 확보할 수 있기 때문에 서버와 클라이언트 모두에게 효과적인 정책으로 적용될 수 있다. 이를 위해서 기존에 행해 오던 접근제어, 암호화, 침입탐지시스템[Proctor 00], 방화벽 등의 특정 개체 혹은 기능을 중심으로 하는 보안 대책으로는 한계를 가질 수밖에 없기 때문에, 새로운 수준의 보안 대책을 마련해야 한다.

생존성의 조건은 필수 서비스 제공과 같이 사용자 요구로부터 도출되고, 독립적인 시스템 개체의 안에서 생존성 속성들을 요구에 맞춘 필수 서비스 흐름의 정의로부터 시작된다[Richard 01]. 이를 위해 특정 시스템의 필수 서비스에 대한 정의가 필요하며 이에 대한 안정성을 보장해 주어야 한다. 따라서 안전한 시스템을 목적으로 하는 보안보다는 시스템의 목적, 사용자의 요구에 대해 지속적인 서비스를 통해 최적의 환경을 제공하는 것이 생존성의 목표이다.

생존성은 최근의 고성능 분산 시스템 상태나 구조를 더 잘 이해할 수 있도록 도와주며, 오늘날 처리하기 어려운 보안 문제들에 대한 해결책을 찾을 수 있도록 보안에 대해 기술적으로나 업무적으로 새로운 관점을 제공한다[Howard 00][Howard 03].

1.2. 취약점과 공격

사용자들로 하여금 조직의 보안 정책에 위배되는 행위를 가능하게 하는 버그들을 취약점(vulnerability), 혹은 보안 허점(security holes)이라고 한다[Matt 99]. 대부분의 정보보호 침해사고가 이 취약점을 통해서 이루어지기 때문에 취약점의 발견, 분석으로부터 정보보호가 시작된다. 취약점의 발견과 연구는 정보보호 대책의 가장 기본적인 기반 지식이라고 할 수 있다. 공격(attack)은 광범위하게 시스템 혹은 네트워크 취약점을 통해서 이루어지고, 공격자로 하여금 시스템의 특별한 권한을 획득하게 하거나 시스템 혹은 네트워크를 정상적으로 작동하는 것을 방해하도록 한다. 취약점이 있다 하더라도 공격이 이루어지지 않으면 피해가 발생하지 않으며, 공격이 성공하기 위해서는 취약점이 존재해야 하는 것처럼 취약점과 공격은 정보보호 대책 마련의 주요한 항목이 된다. 최근의 공격형태의 하나인 DoS(Denial of Service)[Jelena 02] 계열의 공격은 특별한 취약점을 대상으로 하지는 않는다고 하지만, 이것

역시 시스템이 일정 기준 이상의 네트워크 패킷 흐름을 제어하지 못한다는 약점을 이용하는 것이기 때문에 결국 넓은 취약점을 대상으로 이루어지는 공격으로 이해할 수 있다.

취약점과 공격이 정보보호 침해사고의 주요 요소로 다루어지지만 원인에 해당하는 취약점이 존재하지 않는다면 공격도 일어날 수 없기 때문에 이제까지의 정보보호 대책의 대부분은 취약점에 대한 보완, 대처에 무게를 두고 있다. 대부분의 정보보호 기관들이 취약성 데이터베이스를 구축 유지하므로 이와 관련해 취약점 발견과 대책이 가능할 수 있게 지원하고 있다.

대표적인 취약점 데이터베이스로는 MITRE의 CVE(Common Vulnerabilities and Espouses)를 들 수 있다. CVE는 알려진 취약점을 공개적으로 논의, 해결책을 제시하는 대표적인 공개 취약점 데이터베이스이다. CERT에서는 단계적인 형태의 정보를 제공하고 있는데, 가장 대표적인 US-CERT의 경우 이와 관련해서 5단계로 정보를 제공한다. 최종적으로는 tech tips인 인터넷 보안 이슈, 기술 문서 발표를 위해 1차적으로 보안 경고 수준의 advisories(권고문)을 시작으로, 현재 논의 중인 current activity, 사례 중심으로 기하는 incident notes(사고노트), 세부 취약점을 기반으로 하는 데이터베이스인 vulnerability notes(취약점 노트)[VULS]의 단계적 정보를 제공한다. KR-CERT[KRCERT]의 경우는 보안권고문, 기술문서, 사고노트의 정보를 제공하고 있다. 취약점에 대한 정보가 많아지면서 CVE, US-CERT Vulnerability notes 등은 데이터베이스 형태로 정보를 제공하고 있다.

취약점의 발견과 대책을 제시하는 것도 중요하지만, 분석과정에서

소요되는 시간을 줄이는 것도 중요하다. 정보보호 침해 사고 대책은 가장 빠른 시간 내에 적용하여 피해를 최소화하는 데 있기 때문이다. 최근에는 취약점 분석 방법에 대한 다양한 연구들이 이루어지고 있다.

그 예로 Fred Cohen의 원인-결과 모델(Cause-Effect Model)[Fred 99]과 Matt Bisops의 취약점 분석(Vulnerability Analysis)[Matt 99]을 들 수 있다. Cause-Effect model의 경우 취약점을 CV(Compound Vulnerability)로 정의하고 이것을 AV(Atomic Vulnerability)의 상태 이전 집합으로 정의한다. CVs와 AVs의 정의는 다음과 같다.

Compound Vulnerability: CV = {Icv, Qcv, δcv, WSX, VX} 일 때,
      Icv = {I_{CV1}, I_{CV2}, I_{CV3}, ······ , I_{CVN}}
      Qcv = {Normal, Intermediate, Warning, Consequence}
      δ_{CV}: $I_{CV} \times Q_{CV} \rightarrow Q_{CV}$
      WSX: warning state vulnerability expression
      VX: vulnerability expression

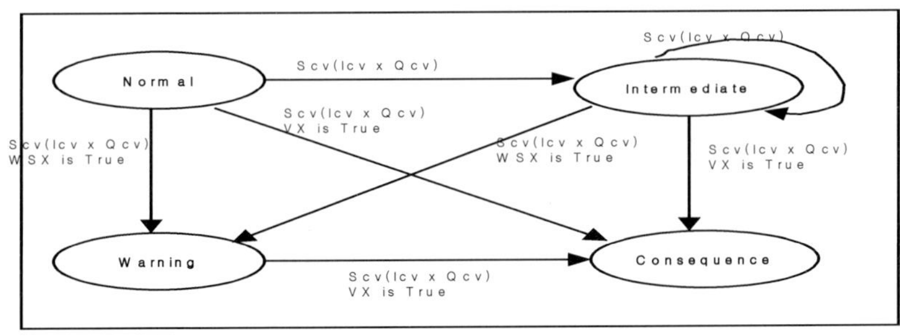

[그림 2] CV의 상태 전이도

Matt Bisops은 취약점 분석연구에서 취약점의 특성(characteristic)을 취약점 발견의 조건으로 정의하고 있다. 각각의 취약점들은 해당 특성의 집합에 의해 표현할 수 있고, 특성 집합으로써 명명한다. 또한 모든 취약점은 유일하고 최소한의 크기인 기본적 특성의 모임인 취약점의 집합으로 재조합한다. 취약점들의 집합을 위한 특성의 집합은 결정될 수 있고 시스템을 위한 특성의 전체 집합의 크기는 취약점의 집합보다 작다. 각각의 특성은 특별한 조건이 존재할 때, 시스템 혹은 시스템 프로그래밍의 분석을 위한 도구로 제안한다. 이 연구를 통해 기존의 취약점의 개념만을 가지고는 설명하기 어려운 Race condition, IP Spoofing, Session hijacking, Buffer overflow 등을 설명하고 있다.

취약점과 비교되는 공격은 행동 형태로 규정되는 경우가 대부분이기 때문에 특별한 형태로 정형화시키는 것이 그리 쉬운 일은 아니다. 그러나 효율적인 취약점 분석의 방법을 제시하고 취약점을 시작으로 공격에 이르는 흐름에 대응할 수 있는 방어 메커니즘을 제공한다.

1.3. 방어 메커니즘의 개요

일반적인 방어 메커니즘은 두 가지 형태로 표현한다. 첫째, 방어를 위한 구문제시, 즉 취약점과 해결책을 문서화시켜 정의하는 것이다. 이것은 CVE를 비롯한 일반적인 취약점 데이터베이스들이 제공하는 형태를 말한다. 이 경우에 해당 정보를 이용하는 대상은 관리자와 같은 사람을 대상으로 하며 해결 역시 경험적 방법에 의존하게 된다. 둘째 방법은 일련의 보안 제품들이 사용하는 대응 규칙으로 구문화시켜 규칙 혹은 연산식으로 정의하는 것이다. 대표적으로 침입 탐지 시스템의 규칙이나 방화벽 제품에서의 공격 방어 판단 기준 등이 그렇다. 이것은 축약된 표현, 패턴을 이용하여 간결하고 함축적으로 정의된다. 사람이 쉽게 이해하기는 첫 번째 방법과 비교해서 상대적으로 어려우나 정보보호 제품에 적용하기 위해서는 훨씬 유용하다.

몇 가지 규칙들을 살펴보면 다음과 같다. 호스트기반 IDS인 STAT[Koral 92]는 현상(fact) 또는 규칙(rule)을 공격 탐지 판단의 근거로 이용한다. 현상 기반의 경우에는 특정한 파일 집합에 대해 각각의 파일들의 목록은 공격을 허용하는 취약점의 요소를 공통적으로 내포하게 된다. 한 가지 예로 특정 파일 집합에 대해 "모든 이진 실행 가능한 파일은 setuid / setgid를 설정할 수 있다"는 현상을 들 수 있다. 이와 달리 규칙 기반의 경우 다음의 그림처럼 상태 정의 표로 각각의 단계를 정의한다. 각 줄은 발생하는 공격의 단계를 의미하고 열은 각 공격의 상태를 보여준다. 악의적인 공격이 일어나게 되면 STAT는 규칙과 현상을 보고 침입에 대한 판단을 하게 된다. 다음의 표는 상태 정의 표의 일부이다.

	S_1	S_2	S_3
P_1	name(file1) = "*" owner(file) <> user suid(file1) = TRUE shell_script(file1) = TRUE Executable(file1) = TRUE	euid(user) <> user	
P_2	owner(file) = user not suid(file) name(file) = "/usr/spool/mail/*"	owner(file) = user suid(file) = TRUE name(file) = "/usr/spool/mail/*"	owner(file) <> user suid(file) = TRUE name(file) = "/usr/spool/mail/*"

[그림 3] STAT의 상태 정의 표

대표적인 공개 IDS인 Snort[SNORT]는 다음과 같은 규칙(rule)을 근간으로 다양한 공격에 대해 패턴을 기반으로 탐지한다. 다음의 예는 FTP를 오용하는 로그인의 탐지 규칙을 보여주고 있다.

```
alert tcp $HOME_NET 21 → $EXTERNAL_NET any (msg: "FTP Bad
      login"; content: "530 Login"; nocase; low: from_server,
      established; classtype: bad-unknown; sid: 491; rev: 5;)
```

이 규칙을 적용하면 TCP 프로토콜을 사용하고 홈 네트워크의 21번 포트로부터 발생해서 외부 네트워크의 어떤 포트를 목표로 하는 패킷에 대해 "503 Login" 패턴의 발생여부를 감시하고 탐지하게 된다.

이 외에도 F/W-1[FW1]인 방화벽 제품을 예로 들 수 있다. 여기서는 목적(subject), 개체(object), 메시지(message), 경고(alert), 로그(log) 등에 대해 ACL(Access Control List) 규칙을 이용하거나 조

건(condition)과 대응(action) 같은 요소들을 분류할 수도 있다. 목적
(subject), 개체(object), 메시지(message)는 조건(condition)으로 무시
(drop), 경고(alert), 로그(log)는 대응(action)이 된다.

1.4. 유사 데이터베이스 종류

방어 메커니즘이 광범위하게 정의될 수 있기 때문에 방어 메커니
즘 지식베이스로 지칭할 수 있는 범위도 매우 방대하다. 또한 방어
메커니즘 지식베이스의 구현이 아직 초보적인 단계이기 때문에, 잘
알려진 비교 대상을 찾기란 쉽지 않다. 따라서 이전단계 혹은 참조
가 가능한 유사한 취약점 데이터베이스를 중심으로 살펴본다.

먼저, US－CERT의 Vulnerability Notes Database[VULS]는 이미
발표된 Vulnerability Notes를 웹상에서 검색할 수 있도록 해준다.
Vulnerability Notes에서는 알려진 취약점들에 대한 정보를 제공한
다. 취약점의 정의, 증상, 해결책에 대한 내용을 주로 제공하며 US
－CERT가 제공한다.

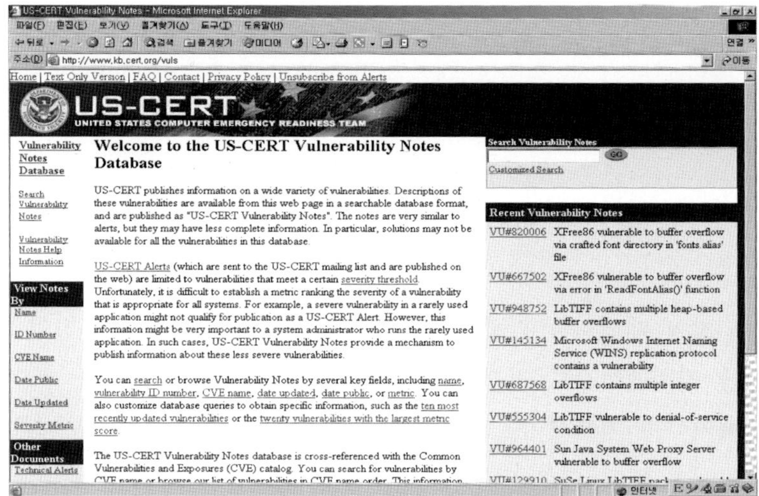

[그림 4] US-CERT Vulnerability Notes Database

다음으로, MITRE의 OVAL[OVAL]을 들 수 있다. OVAL은 Open vulnerability Assessment Language의 약자를 따서 명명되었으며 MITRE CVE를 근간으로 하여 취약점에 대한 대응책을 OVAL-ID로 정의하고 추가적으로, Pseudocode, SQL, XML 형태로 제공한다.

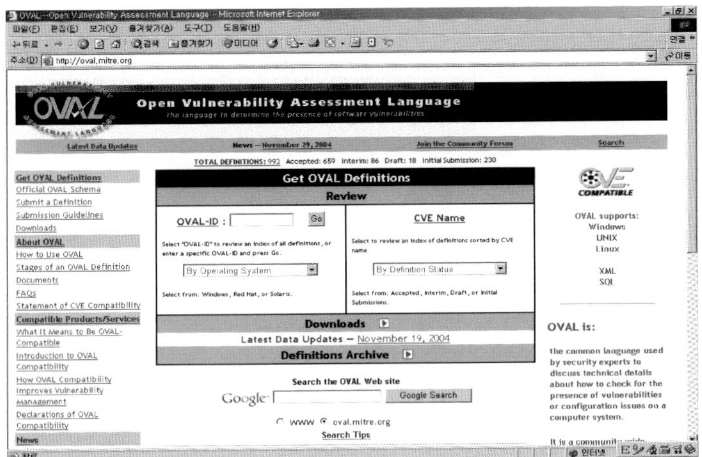

[그림 5] Open Vulnerability Assessment Language

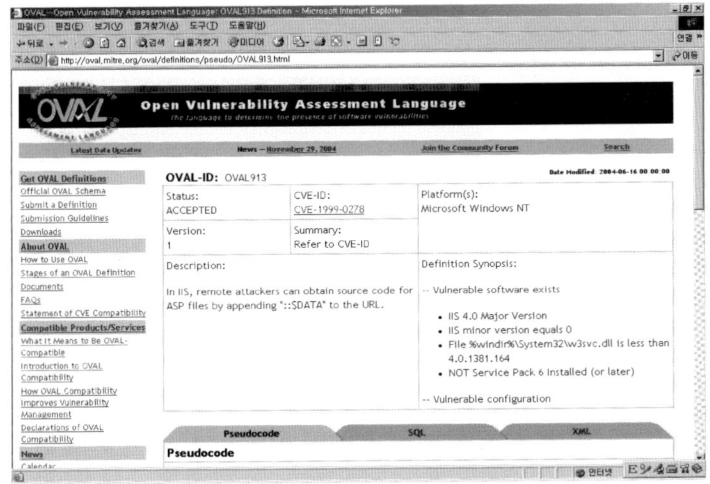

[그림 6] OVAL 출력 형식

이와 달리 All.net[ALL] Security Database도 존재하는데, 이것은 공격의 형태를 중심으로 하여 의미적 분류를 하는 방식을 취하고 있다. US-CERT Vulnerability Notes Database와 OVAL이 현존하는 취약점의 사례를 중심으로 구현된 방어 메커니즘 지식베이스라면 이것은 행동 형태에만 관심을 두고 있다.

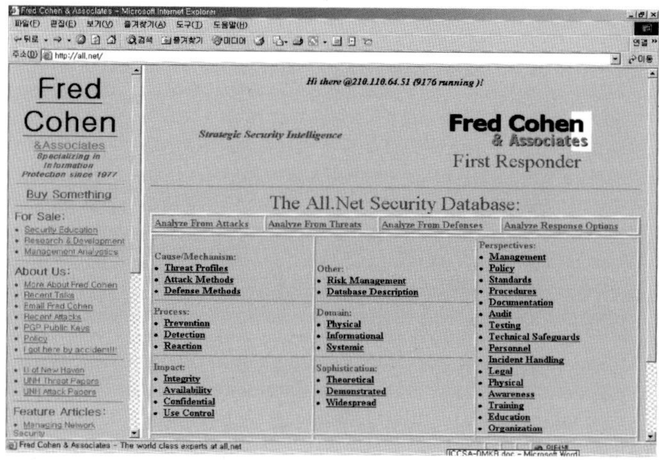

[그림 7] All.Net Security Database

2.

방어 메커니즘(Defense Mechanism)

정보보호 침해사고의 대상이 개인정보나 회사 및 단체에서, 정부에 이르기까지 광범위하게 확장되었고 방법이나 형태가 다양화되고 발전하면서 매우 광범위하게 다루어진다. 따라서 방어 메커니즘 지식베이스를 설계에 앞서, 방어 메커니즘의 적용 대상 및 범위에 대한 명확한 한정이 필요하다.

2.1. 방어 메커니즘 설계

방어 메커니즘은 정보보호 기반에서 발생할 수 있는 다양한 정보보호 침해사고의 시도에 대한 예방, 발생에 대한 탐지 및 복구를 위한 일련의 대응 행동들을 총칭한다. 방어 메커니즘 설계를 위해서 적용 대상인 정보보호 침해사고를 분류한다. 분류의 과정을 통해 방어 메커니즘의 주요 요소와 항목들을 정의한다. 다음의 [그림 8]은 일반적으로 사고(incident)로 지칭되는 흐름을 분류한 것이다[Jhon 98].

[그림 8]에서 보여주고 있는 것과 같이 정보보호 침해사고(incident)
는 발생 시간을 기준으로 다음과 같이 시나리오로 설명할 수 있다.
공격자(attacker)는 정보 자원 목표(objective)에 대해 시스템/네트워
크의 취약점(vulnerability)을 통한 공격 툴(tool) 등을 통해 공격의 행
동(event)을 시도하고 이로 인해 공격자가 원하는 정당하지 못한 결
과(unauthentication result)를 획득하여 해당 목적을 달성하게 된다.
이에 따라, 사고는 공격자가 목표로 하는 특정 시스템에 대한 공격
(attack)으로 분류될 수 있고 여기서 공격(attack)은 다시 도구, 취약
점을 원인으로 나타나는 피해 결과 사이의 행위(event)로 분류된다.

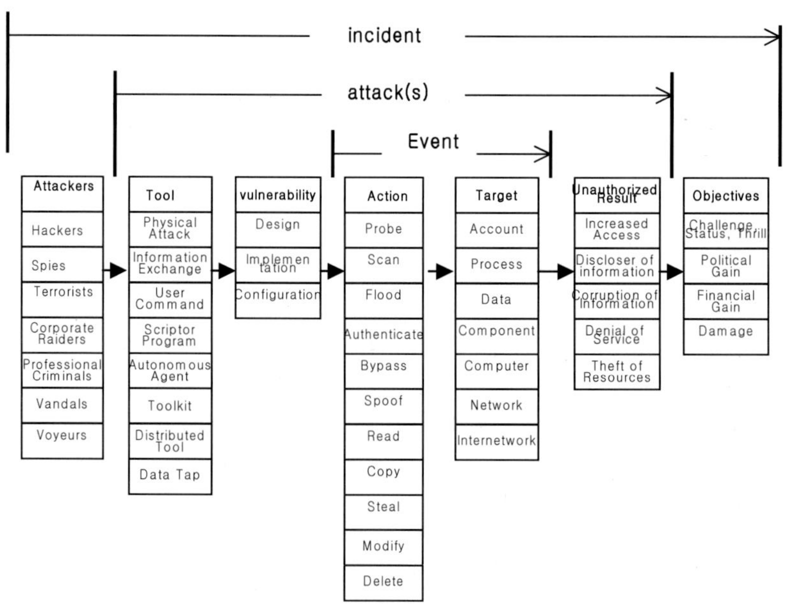

[그림 8] 침해사고 분류(Taxonomy of Incident)

2.1.1. 방어 메커니즘 범주 정의

방어 메커니즘의 적용대상은 명시적 표현이 가능한 공격(attack)으로 한정하며 그 안에서는 취약점, 행위(event), 결과의 항목을 주요한 요소로 선택한다.

[그림 9]는 침해 사고(incident)를 다이어그램 형태로 보여주고 있다. 먼저, 공격자와 목표 시스템 사이에 흐름을 공격(attack)으로 정의한다. 다음으로 공격은 하나의 블록으로 정의되면 반복적으로 나타날 수 있다.

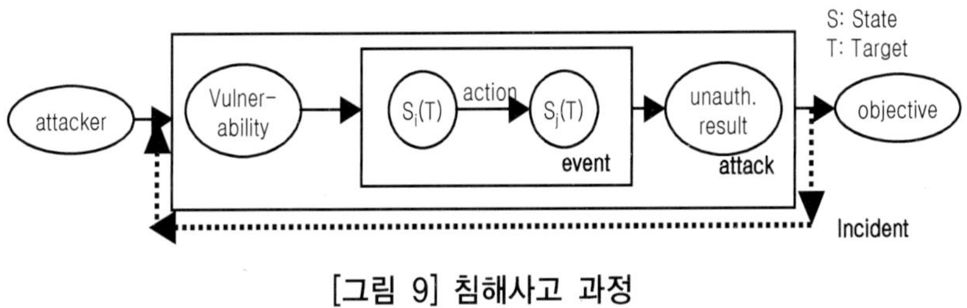

[그림 9] 침해사고 과정

침해사고(incident)에서의 공격(attack)은 다음의 [그림 10]과 같이 정의되며, 시스템 혹은 네트워크의 취약점(vulnerability)을 대상으로 이루어지는 행위(event)로 발생되며 정상적이지 못한 결과로 나타나게 된다.

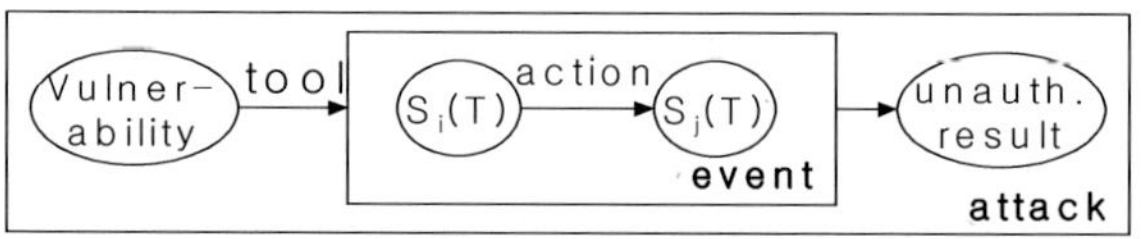

[그림 10] 공격 과정

공격의 원인을 제공하는 취약점에 대한 정의 방법은 앞서 언급한 Fred Cohen의 원인－결과 모델(Cause－Effect Model)[Fred 99]을 확장한다. 따라서 취약점을 CV(Compound Vulnerability)로 정의하고 이것을 AV(Atomic Vulnerability)의 상태 이전 집합으로 정의한다. CVs와 AVs의 정의는 다음과 같으며 CV는 AV들 간의 조합(E)으로 표현하게 된다.

$$CV_i = E(AVi_1, AVi_2, \cdots\cdots, AVi_n)$$

공격의 행위(event)는 다음의 [그림 11]과 같이 대상(target)을 표현하는 T에 대한 단계적 행동 상태(State)인 S()들의 발생을 통한 상태 전이($\rightarrow$; action)인 Sn(T)으로 표현하게 된다. 공격의 행위(event)는 다음과 같이 정의한다.

$$event = S_1(T) \rightarrow S_2(T) \rightarrow S_3(T) \rightarrow \cdots\cdots \rightarrow S_n(T)$$

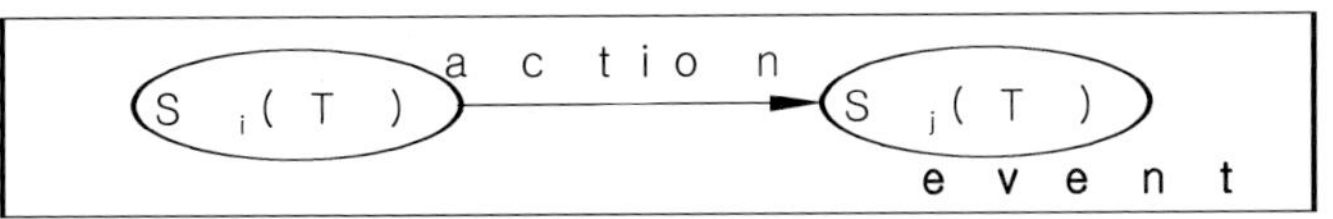

[그림 11] 행위 과정

앞서 정의한 침해사고의 분류가 시간의 흐름을 기점으로 하고 있기 때문에 방어 메커니즘 적용 기준 역시, 시간의 관점에서 정의한다. 침해사고 발생 객체인 공격자와 목표를 제외한 공격(attack)의 범위 내에서의 이전, 진행, 이후에 대해 방어 메커니즘을 적용한다. 이것은 정보보호 기법의 주요 항목인 예방, 탐지, 복구로 대응될 수 있다. [그림 12]는 방어 메커니즘의 적용 관점에 대한 다이어그램이다. 공격의 실제 동작에 해당하는 행위(event)를 주요 기점으로 방어 메커니즘 주요요소를 적용할 수 있게 한다. 먼저, 취약점에 공격을 시도하는 단계에서는 예방(Prevention)으로써의 방어 메커니즘을, 공격 행위가 진행 중일 때는 탐지(Detection)로, 공격이 일어난 후에는 복구(Recovery)로써의 방어 메커니즘을 정의한다.

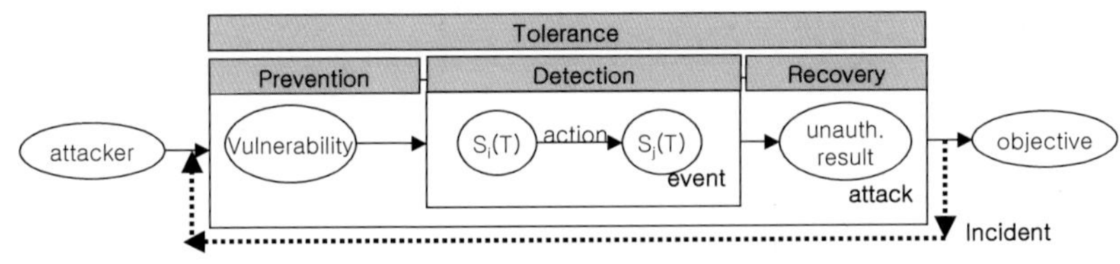

[그림 12] 방어 메커니즘 적용 관점

추가직으로 한 가지 관점을 더 적용할 수 있는데, 이것은 정보통신 구조 전반의 조직을 대상으로 하는 보안 정책의 적용이나 정보통신 기반의 변화를 유도하는 감내(Tolerance)로써 시간의 흐름을 기축으로 설명하기는 다소 어려움이 있어 별도의 방어 메커니즘을 정의한다. 의되는 방어 메커니즘은 다음과 범주를 갖는다.

방어 메커니즘은 Prevention, Detection, Recovery, Tolerance의 네 가지 범주 안에서 생성, 동작하게 된다.

[표 1] 방어 메커니즘의 범주

Type	공격기준 시점	역 할	사 례
Prevention	발생 전	예 방	취약점 제거
Detection	발생 중	탐 지	공격 탐지 및 대응
Recovery	발생 후	복 구	시스템 / 네트워크 복구
Tolerance	전　체	대 응	보안 정책 적용

2.2. 취약점 정의

취약점은 CV로 표현되며, 이것은 Compound Vulnerability의 약자이고 AV는 Atomic Vulnerability의 약자이다. CV는 AV들 간의 연산에 의해 표현될 수 있으며 1.2에서의 취약점의 발생단계인 [그림 2]의 상태를 중심으로 AV를 추출하였다.

$$CV_i = E(AVi_1, AVi_2, \cdots\cdots, AVi_n)$$

이렇게 정의된 AV상태의 의미는 다음의 [표 2]와 같다[Matt 99].

[표 2] AV 상태

Normal	정상적인 시스템 상태 - 처음에 한 번만 나타남.
Intermediate	취약점에 대한 피해 발생을 위한 공격 입력의 시작 - 반복적으로 나타날 수 있음.
Warning	공격을 통해 취약점에 대한 피해가 발생하기 직전 상태 - 여러 가지 상태를 가질 수는 있으나 한 번만 발생함.
Consequence	취약점을 통해 공격이 성공한 상태

AV 단계 간의 전이 관계를 표현하기 위해 네 가지 연산을 사용할 수 있으며 의미는 다음과 같다.

[표 3] AV 연산

AND	두 가지 AV가 모두 발생할 경우
OR	둘 중 하나의 AV만 발생할 경우
POR(Probabilistic OR)	OR이지만 각 AV에 대해 가중치가 있는 경우
SAND(Sequence AND)	AV가 순서대로 발생할 경우

3.

방어 메커니즘 지식베이스 설계

3.1. 방어 메커니즘 지식베이스 개요

앞 장에서 방어 메커니즘의 범주로 정의된 예방(Prevention), 탐지(Detection), 복구(Recovery), 감내(Tolerance)는 공격 시점에 따른 대응이라는 관점 외에 단계별 상호 보완 대응이라는 특징을 가지고 있다. 대부분의 정보보호 침해사고에 대응하기 위해 예방(Prevention)을 통해 가능한 한 취약점을 제거, 공격의 발생을 미리 방지하게 된다. 그럼에도 불구하고 공격이 발생하는 경우, 탐지(Detection)를 통해 대응하게 된다. 공격이 탐지되는 즉시, 해당 공격을 막을 수 있도록 방어하게 된다. 그러나 이미 공격이 발생된 경우라면 복구(Recovery)를 통해 해당 시스템 혹은 네트워크를 정상화시킬 수 있다. 이와는 별도로 정보보호 정책의 수립 혹 변경에 관한 문제나 정보통신 기반 환경 변화에 대해서는 감내(Tolerance)를 통해 대응할 수 있다. 이와 같이 각각의 상호 보완적 단계를 통해 정보보호 침해사고에 대해 대응하는 것을

Layered defense라고 한다.

정보보호 침해사고가 발생하는 가장 주요 원인으로 취약점(vulnerability)과 공격(attack)을 들 수 있다. 취약점(vulnerability)은 시스템 / 네트워크 등에 내재되어 상태로, 이를 통해 불법적인 공격이 가능하게 하는 원인이 된다. 공격(attack)은 취약점을 대상으로 이루어지는 악의적인 행동이다. 따라서 취약점 정보(Vulnerability Information)[KISA 03]와 공격 정보(Attack Information)로 이루어진 Condition DB에 대해 경계화된 대응(Layered defense) 개념을 적용하여 방어 정보(Defense Information)를 작성하고, 이를 기반으로 구축된 Defense DB로 방어 메커니즘을 적용하여 방어 메커니즘 지식베이스를 [그림 13]와 같이 설계한다.

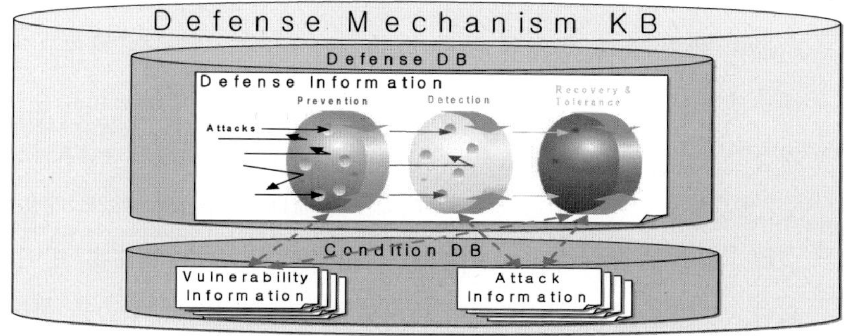

[그림 13] 방어 메커니즘 지식베이스 개념

방어 메커니즘 지식베이스에 근거하여 다음과 같은 지식으로 추론할 수 있다.

첫째, 방어 메커니즘 지식베이스(Defense Mechanism Knowledge Base)인 DMKB는 취약점(vulnerability)에 대해서는 Prevention하거나 Recovery, Tolerance한다. 둘째, 공격(attack)에 대해서는 Detection하거나 Recovery, Tolerance할 수 있다. 이러한 개념을 중심으로 방어 메커니즘의 지식들을 더욱 세부적으로 정의할 수 있다.

방어 메커니즘의 세부적인 내용을 정의하기 위해서는 각 분류 기준에 대한 방어 행동들의 특징을 유추, 정의함으로 지식으로 기술한다. 일반적으로 시스템이나 네트워크상에서 일어나는 행위들은 다음의 형태로 표현된다.

Command / Object (명령어 / 대상)

명령어(Command)는 명령어 형태로 방어 행위를 기술하는 것이고 대상(Object)은 명령어(Command)를 적용하게 되는 대상을 가리킨다. 이를 기반으로 각 범주에 해당하는 구체적인 내용을 정의한다. 이렇게 정의된 내용을 통해 방어 메커니즘의 주요 항목을 유추하였다. 다음의 [표 4]는 방어 메커니즘에서 표현 가능한 Command / Object의 내용이다.

[표 4] 방어 메커니즘의 Command / Object

Type	Command	Object
Prevention	Install	Patch ID
	Upgrade	Package
	Set	Env = value
	Reboot after Set	Env = value
	Disable	Service
Detection	Filter	Port / Packet
	Disconnect	Port / Packet
Recovery	Remove	File
	Restore	Disk
	Reset	Env = value
Tolerance	Mirror	System
	Install	Security S / W(Firewall, IDS)
	Activate	Security Policy

방어 메커니즘은 범주(Type)에 따라 나타나는 내용이 다르며, 이를 통해 역으로 범주(Type)의 특징을 추출해 낼 수도 있다. 범주는 경계화된 방어(Layered defense)를 위하여 예방(prevention), 탐지(detection), 복구(recovery), 감내(tolerance)의 네 가지 단계를 기반으로 대응 방법을 정의한다. 예를 들어 침해사고 예방(prevention)을 위한 방어 메커니즘으로 패치를 설치하거나, 특정 패키지를 업그레이드하는 것을 제안할 수 있고, 네트워크 공격을 탐지(detection)하기 위해 특정 포트를 필터링하거나 취약한 서비스를 종료시킬 것을 권하게 된다. 이 외에도 공격당한 시스템 복구(recovery)를 위해 악성파일들을 삭제하

거나 해당 디스크를 복구, 시스템을 재시동할 수도 있다. 마지막으로 감내(tolerance)를 위해서는 중요시스템에 대한 백업시스템을 운영할 수 있고, 필요한 보안 제품들을 설치하거나 새로운 보안 정책을 수립하는 것도 생각할 수 있다. 이렇게 정의된 Type / Command / Object 의 조합은 사용자로 하여금 방어 메커니즘 지식으로 인지될 수 있다.

다음의 [표 5]는 방어 메커니즘 지식베이스 사례로, Command / Object 조합에 대한 의미다.

[표 5] Command / Object 행동과 의미

Command / Object	행동 / 의미
Install Patch ID	특정 이름의 패치를 설치한다.
	취약점 제거, 공격 예방
Upgrade Package	특정 버전으로 업그레이드한다.
	취약점 제거, 공격 예방
Set Env = value	환경 설정(변수 값 설정)한다.
	취약점 제거, 공격 예방
Reboot after Set Env = value	환경 설정(변수 값 설정)한 후 재시동한다.
	취약점 제거, 공격 예방
Disable Service	서비스를 중지한다.
	취약점 제거, 공격 예방
Filter Port / Packet	특정 패킷, 포트의 내용을 선별한다.
	공격 탐지
Disconnect Port / Packet	특정 패킷, 포트를 차단한다.
	공격 탐지

Command / Object	행동 / 의미
Remove File	파일을 복구한다.
	피해 발생 후 복구
Restore Disk	디스크를 초기의 상태로 복구한다.
	피해 발생 후 복구
Reset Env = value	변수 설정 후, 초기화한다.
	피해 발생 후 복구
Mirror System	시스템을 미러링한다.
	네트워크 공격 동향 대응
Install Security S / W	보안 솔루션을 제공하여 통신 기반을 개선한다.
	정보통신 기반 환경 개선
Activate Security Policy	정보보호 정책을 수립하여 수행한다.
	정보보호 정책의 활성화

3.2. 지식베이스의 표현

대표적인 보안 시스템인 방화벽이나 침입탐지 시스템에서 대응 방법은 대부분 시그너처(signature)로 표현된다. 이것은 시스템 및 네트워크를 공격하는 과정에서 발생되는 키 입력이나 패킷을 특정한 문자열로 표현하는 것이 가능하기 때문이다. 정보보호 침해사고 대응 방식은 이외에도 다양한 형태로 표현될 수 있지만 signature를 통해 일반화될 수 있다. 따라서 지식베이스를 위한 스키마 역시 signature를 기반으로 표현한다.

방어 메커니즘 지식 표현을 위해 규칙 기반(rule based)의 스키마를 구현한다. 규칙은 행동의 패턴(pattern)이나 시그너처(signature)를 근거

로 하여 모니터링하여 해당 규칙과 일치되는 경우에 대해 적절히 대
응한다. 또한 방어 메커니즘의 규칙 기반 지식 표현을 위해 정보통신
기반 상태 표현에 해당하는 적용 조건인 condition을 정의한다.
condition에 대해 구체적인 방어 메커니즘을 적용할 수 있는 대응을
위해 action을 정의한다. 이렇게 정의된 condition과 action을 적절하
게 조합(relation)하면 다양한 표현들이 나타나게 된다. 최종적으로
condition – action relation을 통해 방어 메커니즘 지식을 표현한다.

3.2.1. Condition 표현

방어 메커니즘 적용을 위한 정보통신 구조의 상태를 표현하고 방
어 메커니즘 지식의 적용을 위한 조건을 표현한다. A1부터 A5까지
5개의 항목으로 나뉜다. A1은 정보통신 기반 H / W Platform 구성
및 상태에 대해 표현한다. OS 이름 및 버전, 제공 서비스의 이름 및
버전, 수행되고 있는 응용프로그램 이름 및 버전이 이에 해당한다.

A2와 A3은 시스템 상태나 속성으로 단위 취약점(AV)인 atomic
vulnerability로 표현된다. 취약점(vulnerability)은 atomic vulnerability의
조합(Expression)으로 표현될 수 있으며, 이를 통해 취약점을 구별 기
준으로 이용할 수 있고 시뮬레이션 적용 단위로 활용될 수 있다.
Atomic vulnerability는 가장 작은 단위의 취약점을 의미하며 이들의
상태 전이를 통해 취약점이 결정된다. Atomic vulnerability의 성격에
따라 A2인 Fact Type AV와 A3인 Non – Probability Type AV로 정의
된다. A2인 Fact Type AV는 별도의 입력이 없고 상태 전이가 없는

시스템 자체의 결함을 의미한다. 주로 취약점에서 공격을 가능하게 하는 중대한 결함이 이에 해당한다. A3인 Non‑Probability Type AV 는 공격자의 입력을 통해 이루어져 상태 전이를 가능하게 하는 형태로 순서와 절차를 의미한다. A4는 취약점에 대한 공격의 입력을 표현한다. 공격을 일으키게 하는 입력 패턴으로 특정한 명령어나 해킹 코드, 악의적 패킷 등이 이에 해당한다.

마지막으로 A5는 정보보호 정책을 표현한다. 조직의 정책, 혹은 정보통신 기반 시설의 변화 등에 따라서 새로운 방어 메커니즘 적용이 필요한 경우에 정의한다.

- A1: Specification
- A2: Fact Type AV
- A3: Non‑Probability Type AV
- A4: Attack Input Pattern
- A5: Need a New Defensive Mechanism

3.2.2. Action 표현

condition에 의해 발생하는 문제에 대한 대응 방법을 표현한다. 앞 절에서 언급한 방어 메커니즘의 Command / Object를 적용할 수 있으며, B1부터 B3까지 3개의 항목으로 분류된다.

B1은 관리를 통해 atomic vulnerability를 제거하는 행동을 표현한다. 이러한 대표적인 예로 패치를 설치하거나 S / W를 적당한 버전으로 업그레이드시키거나 환경 설정을 수정하거나 관련 S / W를 제거한다.

B2는 보안 시스템의 정의에 따라 입력을 제어하는 행동을 표현한
다. 이러한 대표적인 예로 무시(drop)하거나 승인(accept)하거나 경고
(alert)한다.

B3은 취약점의 원인을 제거하기 위해 새로운 보안 S / W를 도입하는
것이다. PKI, VPN, Anti-Virus 등 다양한 보안 시스템을 설치한다.

- B1: how to remove the AVs: management
    - Action Taxonomy
        : Install Patch
        : S / W Upgrade
        : Configuration Modification
        : Remove the S / W that cause the exploitation
- B2: how to manage the inputs: define rules security system
    - Action Taxonomy
        : Drop
        : Accept
        : Alert
- B3: install a new security S / W that remove the effect of
  the vulnerability exploitation
    - Action Taxonomy
        : PKI
        : VPN
        : Anti-Virus

3.2.3. Condition‒Action Relation 표현

앞서 정의된 condition과 action 간의 적절한 관계를 통해 최종적
으로 지식을 표현한다. [그림 14]는 condition‒action relation을 보
여주고 있다.

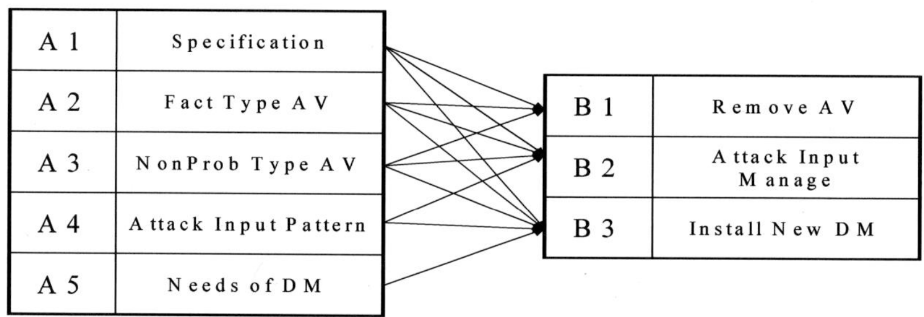

[그림 14] Condition‒Action Relation

Condition‒Action Relation의 조합 내용은 다음과 같이 표현될
수 있다. Condition‒Action Relation을 이용한 방어 메커니즘 지식
표현은 앞서 표현된 Action을 기반으로 하는 규칙을 통해 방어 메
커니즘 지식은 세 가지 형태의 대응을 표현하게 된다.

첫째, 취약점을 제거하기 위해서는 (A1, A2, A3 and B1)나 (A1,
A2, A3 and B3)의 조합으로 표현한다. 전자는 정보통신 기반 환경
과 단일 취약점 상태에 대한 관리를 통해 취약점을 제거하는 것을
의미하고 후자는 동일한 조건에서 새로운 정보보호 시스템을 적용
하여 취약점 발생의 원인을 제거하는 것을 의미한다.

둘째, 공격에 대응하기 위해서는 (A1, A2, A3, A4 and B2)나 (A1, A2, A3, A4 and B3)를 선택하게 된다. 전자는 정보통신 기반 환경과 단일 취약점 상태에 대해 발생하는 공격의 입력에 대한 보안 시스템의 대응 방법을 의미하는 것이고 후자는 동일한 조건에서 새로운 정보보호 시스템을 적용하여 공격 발생의 원인을 제거하는 것을 의미한다.

셋째, 보안 정책 구현을 위한 새로운 방어 메커니즘의 정의는 (A5 and B3)을 통해 가능하다. 새로운 방어 메커니즘의 요구에 대한 요청이 일어나면 새로운 보안 시스템의 도입을 통해 적극적으로 대응하는 것을 의미한다.

- ◦ C1: DM's Action - Based Rule Definition
    - Remove AV
        : (A1, A2, A3 and B1) or (A1, A2, A3 and B3)
    - Attack Defend
        : (A1, A2, A3, A4 and B2) or (A1, A2, A3, A4 and B3)
    - Apply a new DM for implementation of security policy
        : (A5 and B3)

3.3. 방어 메커니즘 지식베이스 스키마

DMKB는 방어 메커니즘 지식 스키마에서 정의한 condition과 action을 기반으로 condition - action relation을 통해 지식을 추출한다.

지식베이스 구축을 위한 스키마 디자인은 다음과 같다. 적용 조건에 해당하는 Condition DB를 정의하고, 여기에는 적용 조건의 내용을 구성하는 Condition 집합을 포함한다. 방어하는 행동은 Action 집합에서 정의하고, 그리고 이들의 관계인 Condition－Action Relation을 정의한다. DMKB의 스키마는 다음의 [그림 15]과 같다. 방어 메커니즘은 시스템 사양과 AV의 조합으로 정의되는 CV와 공격의 입력 등의 단위 요소를 가지고 있는 Condition DB를 통해 추출된 Condition Set과 방어 행동에 대한 정보를 가진 Action Set과의 Relation을 통해 생성된다.

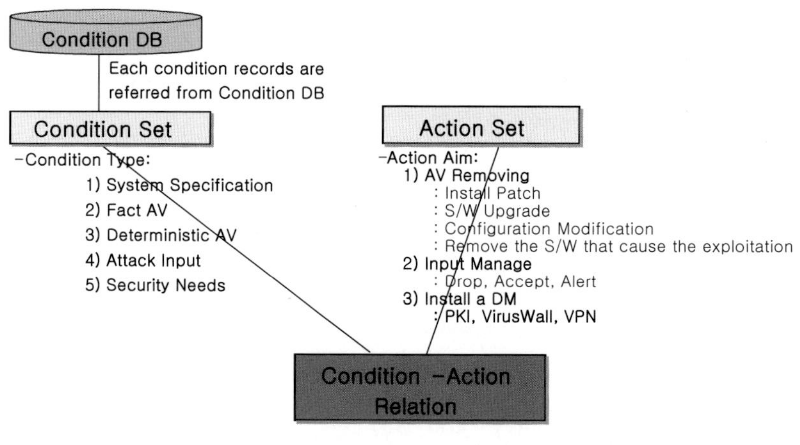

[그림 15] DMKB 스키마 구조

Condition－Action Relation 부분에서 지식을 정의하는 기본적인 아이디어는 다음과 같다. 일반적인 취약점에 대한 정보를 저장하고 있는 Condition DB의 Condition 집합에 대해 적절한 Action 집합을 대응시킬 수 있다. Condition 집합은 복수개의 항목으로 구성될 수 있으며, 필요한 경우 연산을 통해 해당 조건을 조합한다. Condition 집합에 대응되는 Action집합은 기본적으로 하나의 항목이 대응되지만 동일한 Condition 집합에 대한 여러 가지 Action들을 취할 수 있기 때문에 다수개로 표현될 수도 있다.

Condition 집합에 대한 Action 집합의 대응이 잘 이루어지면 다양한 Condition - Action Relation을 정의할 수 있으며, 이를 통해 새로운 방어 메커니즘 지식의 빠른 생성도 가능해진다. 여기서는 DMKB 스키마를 구현하기 위해 Condition 집합, Action Set, Condition - Action Relation 집합에 대한 구체적인 내용을 정의한다.

3.3.1. Condition 집합

방어 메커니즘의 적용 조건을 정의한다. 정보통신 기반 대상 및 상태를 명시한다.

- Condition Type:
    1) System Specification
    2) Fact AV
    3) Non - Prob AV
    4) Attack Input
    5) Security Needs

이를 기반으로 구현되는 condition 구조는 다음과 같다.

Condition ID	Condition Name	Type	Description

[그림 16] Condition 구조

3.3.2. Action 집합

방어 메커니즘의 행동을 정의한다. 행동을 구별하는 기준은 행동의 분류에 따라 나눌 수 있다.

∘ Action Aim

   1) AV Removing

      : Install Patch

      : S / W Upgrade

      : Configuration Modification

      : Remove the S / W that cause the exploitation

   2) Input Manage

      :Drop, Accept, Alert

   3) Install a DM

      :PKI, VirusWall, VPN

이를 기반으로 한 action 구조는 다음과 같다.

Action ID	Action Type	Action Define	Description

[그림 17] Action 구조

3.3.3. Condition – Action Relation 집합

Condition 집합과 Action 집합 간의 관계를 통해 정의되는 Condition
–Action Relation이다. Condition 집합은 개별적 condition 간의 조합
(Expression)을 통해 제안할 수 있으며, 대응되는 action을 대응시킬
수 있다. 부가적으로 본 지식을 적용하게 되는 목적(aim)을 기술하게
된다.

Relation ID	Condition Expression	Action ID	Action Aim	Description

[그림 18] Condition – Action Relation 구조

3.4. 방어 메커니즘 지식베이스 형식과 사례

DMKB 스키마를 근거로 방어 메커니즘 지식을 표현한다. 이를
위해 DMKB가 보유하고 있는 Aim, Condition, Action의 세 개의
keyword를 이용하여 다음과 같은 구문 형태로 표현한다. 지식 표현
은 다수개로 표현될 수 있으며, 동일한 Condition에 대해 복수개의
Action이 정의될 수 있다.

- Aim　　　　　　: 방어 메커니즘 적용 목적
- Condition　　　: 방어 메커니즘 적용 조건 조합
- Action　　　　　: 방어 메커니즘 대응 행동 집합

이를 기초로 하여 표현된 Code Red Ⅱ[Cliff 02][David 02][IN-2001-09] [CVE-0500]의 방어 메커니즘 지식은 다음의 4가지로 표현될 수 있다. Knowledge 1은 Code Red Ⅱ를 발생시키는 취약점을 없애는 방어 메커니즘이다. Condition에 해당하는 정보통신 기반에 대해 패치를 적용하여 해당 목적을 달성하게 된다.

▶ **Knowledge 1(Prevention)**
- Condition - OS Windows
    - Version NT 4.0, 2000
    - Platform All
    - Service IIS
    - Service_Version 4.0, 5.0, 6.0 beta
    - NoCheckParameterCondition
    - EnabledAlterReturnAddressInStack
    - RootShellCreated_idq.dll
    - StackOverflow
- Action
    - Type Patch Patch ID MS_30833, MS_30800
    - Remediation None

Knowledge 2는 Code Red Ⅱ 공격을 일으키는 시도인 ISAPI 매핑을 미리 방지하는 방어 메커니즘이다. Knowledge 1과 달리 Condition에서 정의하는 조건에서 맨 마지막에 보이는 것처럼 해당 시스템이 idq.dll ida.dll과의 매핑이 될 경우, 공격이 발생할 수 있기 때문에 해당 기능을 매핑할 수 없게 설정함으로써 공격 시도에 대응하게 된다.

▶ **Knowledge 2(Prevention)**
- Condition
    - OS Windows
    - Version NT 4.0 ∨ 2000
    - Platform All
    - Service IIS
    - System mapping idq.dll ida.dll(not using it)
- Action
    - unmap idq.dll ida.dll on IIS

Knowledge 3은 Code Red Ⅱ 공격이 네트워크의 패킷을 통해 이루어지는 것을 감안하여 공격을 탐지하는 방어 메커니즘이다. Condition에서 보이는 것처럼 HTTP프로토콜에 대한 80 포트 감시를 통해 입력 패킷의 내용을 감시하여 공격을 탐지하게 된다. 이를 위해 공개용 침입탐지시스템은 snort의 탐지 규칙이나 방화벽에 의해 탐지되는 signature를 이용하였다.

▶ **Knowledge 3(Detection)**

- Condition

    - Protocol HTTP

    - Source Port Random

    - Destination Port 80

    - TCP Flag true

    - Content .ida

- Action

    - IDS_Snort_Detection_Signature

    alert

    tcp $EXTERNAL_NET any → $HTTP_SERVERS 80 (msg: "WEB − IIS CodeRed v3 root.exe access"; flags: A +; uricontent: "|4E 4E 4E 4E 4E 4E 4E 4E 4E 4E4E 4E 4E 4E 4E 4E 00 00 00 00 00 00 00 00 00 00 00 00 00 00 00 C3 03 00 0000 78 00 FA 20 25 75 39 30 39 30 25 75 36 38 35 38 25 75 63 62 64 33 25 75 37 38 30 31 25 75 39 30 39 30 25 75 36 38 35 38 25 75 63 62 64 33 25 75 3738 30 31 25 75 39 30 39 30 25 75 39 30 39 30 25 75 38 31 39 30 25 75 30 30 63|"; tag: host, 300, packets, src; nocase; classtype: web − application − attack; sid: 1256; rev: 2;,)

    - Firewall_CPFW_Detection_Signature

Knowledge 4는 Code Red Ⅱ 공격이 이미 발생한 시스템에 대한 복구를 위한 방어 메커니즘이다. Code Red Ⅱ 공격이 이루어지면 해당 시스템에 Code Red Ⅱ trojan이 설치되어 스스로 Code Red Ⅱ 공격지로 이용되게 된다. 따라서 Code Red Ⅱ Trojan이 설치되어 있다면 Condition에 나와 있는 것처럼 특정 파일들이 변조되어 있거나 생성되어 있음을 알 수 있고, 더불어 registry 정보가 변형되어 있는 것을 발견하게 된다. 이에 대해 Action에 기술되어 있는 것처럼, 해당 Trojan을 삭제하고 registry 정보를 복구함으로 시스템을 정상화시킬 수 있다.

▶ **Knowledge 4(Recovery)**

- Condition
    - OS Windows
    - Version NT 4.0, 2000
    - Platform All
    - Service IIS
    - active explorer.exe root of C:\ or D:\ (if present)
    - root.exe / cmd.exe in / script and / MSADC directories
      (if present)
    - modifies registry values
- Action
    - delete

      explorer.exe in root of C:\ or D:\ ∧

      unhide and delete root.exe / cmd.exe in / script and / MSADC

directories ∧SOFTWARE\Microsoft\WindowsNT \Current Version \Winlogon\SFCDisable set to 0FFFFFF9Dh ∧SYSTEM\CurrentControlSet\Services\W3SVC\Parameters\VirtualRoots\Scripts set to „217 ∧ SYSTEM\CurrentControl Set\Service\W3SVC\Para meters\Virtual Roots\msadc set to „217 ∧ SYSTEM\CurrentControlSet\Services\W3SVC \Parameters \VirtualRoots\c set to „217 ∧SYSTEM\CurrentControlSet\Services\W3SVC\Parameters\VirtualRoots\d set to „217 (description)

    reboot

Code Red Ⅱ로 정의된 4개의 Knowledge는 Prevention, Detection, Recovery 단위로 이루어져 Code Red Ⅱ 공격 전반에 대한 방어가 가능해진다.

3.5. 방어 메커니즘 지식베이스 설계

방어 메커니즘 지식베이스는 크게 세 부분의 DB로 구성한다. 먼저, 방어 메커니즘 적용 조건을 위한 취약점과 공격을 정의한 Condition DB가 구성된다. 그리고 Condition DB에 대응하기 위한 Action DB를 구성한다. Action DB는 방어 메커니즘 행동을 기술하는 ActionInfo를 정의한다. 최종적으로 Action DB와 Condition DB의 조합인 Condition－Action Relation DB를 통해 방어 메커니즘의 지식베이스를 구축하게 된다. Condition－Action Relation DB의 지식은 DefenseInfo를 통해 정의된다.

3.5.1. DMKB 전체 구조

DMKB 전체 ER 다이어그램은 다음의 [그림 20]과 같다. 전체적인 구조는 취약점(Vulnerability)과 이에 대해 이루어지는 공격(AttackInfo) 테이블과의 연관으로 이루어져 주어진 인프라의 평가 데이터로 활용할 수 있는 Condition DB와 취약점, 공격에 대한 다양한 해결책을 가지고 있는 ActionInfo 테이블을 정의하는 ActionInfo DB를 중심으로 한다.

Condition DB는 일반적인 취약점 DB의 구조처럼 구성된다. Condition DB의 주요 요소는 Attack과 Vulnerability이다. 취약점을 정의하는 Vulnerability는 단위 취약점의 정보를 정의하고 있는 Atomic Vulnerability의 단위를 기준으로 이루어져 있다. 취약점 중에 CVE와 일치하는 경우에는 CVE_Code를 설정하고 취약점의 이름인 Vulnerability_Name, 취약점의 현상에 대한 Consequence, 발표된 날짜인 Published_Date, 이에 대한 의미를 정의한 Description을 포함한다. AttackInfo는 공격이름인 Attack_Name, 공격 명령어인 Command, 네트워크 공격인 경우 알 수 있는 패킷 정보인 Packet, 분산공격 여부를 표현하는 Is_Target_Distributed, 공격 난이도를 결정하는 Skill_Level 등의 주요항목을 포함한다.

Action DB의 ActionInfo는 대응 분류 기준인 Prvention / Detection / Recovery / Tolerance로 정의되는 Type, 적용 대상에 해당하는 Object, 적용 행동으로 정의되는 Command, 이에 대한 의미를 저장하는 Description의 항목을 포함한다. 방어 메커니즘 지식은 Condition DB와 Action DB 간의 조합을 통해 생성된 Condition – Action Relation DB에서 제공된다. 주어진 정보통신 인프라의 사양

혹은 상태에 대한 조건은 Condtion DB의 내용과 비교하게 되면 그에 따른 적절한 대응이 가능한 Action DB의 내용이 선택되고 최종적인 방어 메커니즘 지식은 이들 간의 관계인 Condition－Action Relation DB의 정보가 제공된다.

Condition－Action Relation DB의 DefenseInfo는 Condition DB와 Action DB와의 관계를 설정할 때, 목적으로 삼게 되는 Action_Aim과 Condition DB 내용의 조합인 Condition Expression, 이에 대한 의미를 저장하는 Description의 항목으로 구성된다.

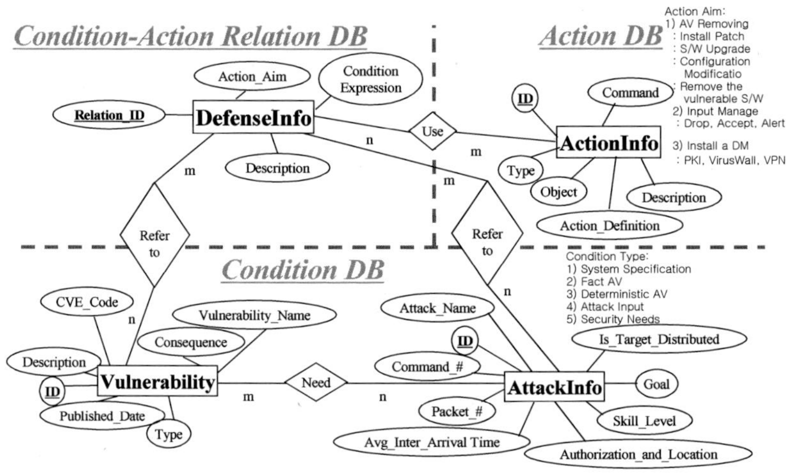

[그림 19] DMKB ER 다이어그램

3.5.2. DB 구성

먼저, Condition DB는 취약점과 공격에 대한 정의가 되어 있는 DB

로 Table 이름과 정의 내용은 다음과 같다.

- ◦ VictimInfo Table
  - H / W Platform
  - OS 이름 및 버전
  - 서비스, 응용프로그램 이름 및 버전

- ◦ Atomic_Vulnerability Table
  - Atomic Vulnerability 이름
  - Type   : Fact / Non Prob
  - Initial State   : 초기 상태
  - Final State   : 최종 상태
  - Input : 입력 내용

- ◦ AttackInfo Table / InputTypeInfo Table / CommandInfo Table
  - Attack   : 이름, 목표, 발생 권한, 분산공격 여부 등
  - Input   : 네트워크 패킷 공격
  - Command   : 시스템상의 특정 명령어 수행

- ◦ Security Needs
  - 보안 정책 수립 및 시행

다음으로 Action DB이다. Action DB는 방어 메커니즘의 행동을
정의한 것으로 Table 이름과 정의 내용은 다음과 같다.

◦ ActionInfo Table

    - ID

    - Type　　　　　: 방어 메커니즘 분류

    - Command　　　: 방어 행동 및 수행 명령어

    - Object　　　　: Command 적용 대상

    - Description　　 : 설명

Type의 세부 항목은 [표 4]를 참고하고, Command / Object는 [표 5]를 참조하여 정의하면 된다.

마지막으로 Condition - Action Relation DB이다. Condition - Action DB는 방어 메커니즘 지식 표현을 위해 정의되며 Table 이름과 정의 내용은 다음과 같다.

◦ DefenseInfo Table

    - ID

    - Aim　　　　　　: 적용 목적

    - Condition Expression: Condition DB 내용의 조합

    - ActionInfo ID　: 연관 Action

    - Description　　 : 설명

    - CVE code　　　: 연관 CVE code

    - IN code　　　　: 연관 Incident Note Code

    - CA code　　　　: 연관 Cert Advisory Code

4.

방어 메커니즘 지식베이스 구현

4.1. 지식 입력을 위한 분석 절차

　DMKB는 분석대상 선정, 분석문서 작성, DMKB 입력형식 변환의 세 단계의 과정을 통해 최종적으로 입력된다.

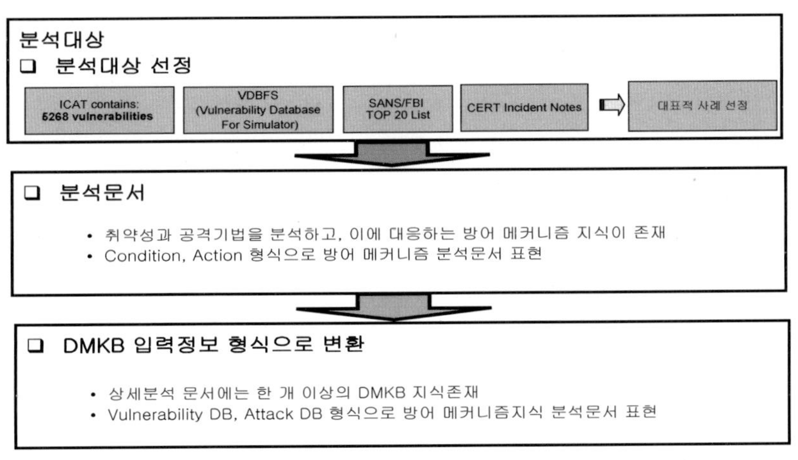

[그림 20] DMKB 분석 절차

DMKB 구축을 위한 분설 절차는 다음과 같다. 먼저, 분석 대상을 선정한다. 분석 대상은 취약점 / 공격의 대표되는 것을 중심으로 선정하였다.

분석 문서를 작성할 때에는 취약점 / 공격에 대해 개괄적으로 다루며 Condition, Action 형식의 주요 요소를 추출을 위한 형태로 작성한다. 다음은 IN−2001−04 Carko Distributed Denial−of−Service Tool[IN−2001−04]에 대한 분석 문서 예이다.

〈Carko Distributed Denial − of − Service Tool 분석 및 대응방법〉

1. Condition

 VU#648304 −Sun Solaris DMI to SNMP mapper daemon snmpXdmid contains buffer overflow
The SNMP−to−DMI mapper daemon (snmpXdmi) translates Simple Network Management Protocol (SNMP) events to Desktop Management Interface (DMI) indications and vice−versa. Both protocols serve a similar purpose, and the translation daemon allows users to manage devices using either protocol. The snmpXdmi daemon registers itself with the snmpdx and dmid daemons, translating and forwarding requests from one daemon to the other. The snmpXdmi daemon, which is shipped with Solaris versions 2.6, 7 and 8, is enabled by default.

The snmpXdmi daemon contains a buffer overflow in the code for translating DMI indications to SNMP events. This buffer overflow is exploitable by remote intruders to gain root privileges.

More information about this vulnerability can be found in the advisory published by Job de Haas of ITSX:

http://www.itsx.com/snmpXdmid.html

2. Action

Apply a Patch
Apply a patch from Sun when it is available.

Disable snmpXdmi

Sites that do not use both SNMP and DMI should disable the translation daemon, thus eliminating the vulnerability.

Restrict Access to snmpXdmi and other RPC services
Sites that require the functionality of snmpXdmi or other RPC services should restrict access through filtering. Local IP filtering rules that prevent hosts other than localhost from connecting to the daemon may mitigate the risks associated with running the daemon. Sun RPC services are advertised on port 111 / {tcp,udp}. The snmpXdmid RPC service id is 100249; use 'rpcinfo −p' to list local site port bindings:

```
# rpcinfo −p | grep 100249
  100249 1 udp 32785
  100249 1 tcp 32786
```

Note that site−specific port binding will vary.

Systems Affected
Vendor Status Date Updated
Sun Vulnerable 14−Sep−2001

References
http://www.itsx.com/snmpXdmid.html
http://www.securityfocus.com/bid/2417
http://www.securityfocus.com/archive/1/168936
http://www.sun.com/software/entagents/download/
http://www.sun.com/software/entagents/docs/UGhtml/snmp_with_dmi.doc.html
http://www.dmtf.org/spec/spec.html
http://www.dmtf.org/spec/snmp.html
http://www.ciac.org/ciac/bulletins/l−065.shtml

마지막으로 작성된 분석 문서를 DMKB 입력 정보 형식으로 변환한다. 최종적으로 다음의 테이블을 작성한다.

◦ Condition DB

- VulnerabilityInfo Table

- AtomicVulnerability Table

- VictimInfo Table

- AttackInfo Table

- InputType Table

- CommandInfo Table

◦ Action DB

- ActionInfo Table

◦ Condition - Action Relation

- DefenseInfo Table

다음은 해당 사례에 대한 주요 테이블의 내용이다.

(1) Vulnerability Information

• VulnerabilityInfo Table

ID	CVE Code	Vulnerability Name	Published Date	Victim	Consequence	Type	Vul − Expression
				Description			
Vul00010	CVE − 2001 − 0236 (CA − 2001 − 05)	Solaris snmpXdmid Buffer overflow Vulnerability	20020309.	Vic00034 Vic00035 Vic00710 Vic00711 Vic00712 Vic00713	GainRootAccess	Known	Ato00006 And Ato00007 And Ato00146 And Ato00017
Buffer overflow in Solaris snmpXdmid SNMP to DMI mapper daemon allows remote attackers to execute arbitrary commands via a long "indication" event.							

• Atomic_Vulnerability Table

ID	Name	Type	Input	Initial State	Final State	Category
Ato00006	NoCheckParameter Condition	Fact	None	None	None	Cat01
Ato00007	EnabledAlterReturn AddressInStack	Fact	None	None	None	Cat01
Ato00017	RootShellCreated_s nmpXdmid	Nonprob	snmpXdmid [shellcode]	Normal	GainRootAccess_ snmpXdmid	Cat02
Ato00146	StackOverflow	Fact	None	None	None	Cat01

• VictimInfo Table

ID	Type	OS	Version	Platform	Service	S_Version
Vic00034	OS	Solaris	2.6	Sparc	snmpXdmid	None
Vic00035	OS	Solaris	2.6	x86	snmpXdmid	None
Vic00710	OS	Solaris	7	x86	snmpXdmid	None
Vic00711	OS	Solaris	7	Sparc	snmdXdmid	None
Vic00712	OS	Solaris	8	Sparc	snmdXdmid	None
Vic00713	OS	Solaris	8	x86	snmdXdmid	None

(2) Action DB

• ActionInfo Table

ID	Type	Command	Object	Description
Act00047	Prevention	patch	sun patch	패치를 설치함
Act00048	Prevention	Disable	# rpcinfo － p | grep100249 100249 1 u에 32785 100249 1 tcp 32786	snmpXdmi와 다른 RPC서비스에 대한 접근을 제한한다.
Act0049	Prevention	Disable	mv / etc / rc3.d / SXXdmi / etc / rc3.d / KXXdmi	Prevent the daemon from starting up upon reboot
Act0050	Prevention	Disable	/ etc / init.d / init.dmi stop	Killing the currently running daemon
Act0051	Prevention	Disable	ps － ef | grep dmi	Verify that the daemon is no longer active
Act0052	Prevention	Disable	chmod 000 / usr / lib / dmi / snmpXdmid	make the daemon non － executable

(3) Defense DB

• DefenseInfo Table

ID	Aim	Condition － Expression	ActionInfoID	Description
Def00174	Vulnerabilit y Removal	Vic00034 and Ato00006 and Ato00007 and Ato00017 and Ato00146	Act00047	apply a patch from sun
Def00175	Vulnerability Removal	Vic00035 and Ato00006 and Ato00007 and Ato00017 and Ato00146	Act00047	apply a patch from sun
Def00176	Vulnerability Removal	Vic00710 and Ato00006 and Ato00007 and Ato00017 and Ato00146	Act00047	apply a patch from sun

ID	Aim	Condition – Expression	ActionInfoID	Description
Def00177	Vulnerability Removal	Vic00711 and Ato00006 and Ato00007 and Ato00017 and Ato00146	Act00047	apply a patch from sun
Def00178	Vulnerability Removal	Vic00712 and Ato00006 and Ato00007 and Ato00017 and Ato00146	Act00047	apply a patch from sun
Def00179	Vulnerability Removal	Vic00713 and Ato00006 and Ato00007 and Ato00017 and Ato00146	Act00047	apply a patch from sun
Def00180	Vulnerability Removal	Vic00034 and Ato00006 and Ato00007 and Ato00017 and Ato00146	Act00048	snmpXdmi와 다른 RPC서비스에 대한 접근을 제한한다.
Def00181	Vulnerability Removal	Vic00035 and Ato00006 and Ato00007 and Ato00017 and Ato00146	Act00048	snmpXdmi와 다른 RPC서비스에 대한 접근을 제한한다.
Def00182	Vulnerability Removal	Vic00710 and Ato00006 and Ato00007 and Ato00017 and Ato00146	Act00048	snmpXdmi와 다른 RPC서비스에 대한 접근을 제한한다.
Def00204	Vulnerability Removal	Vic00034 and Ato00006 and Ato00007 and Ato00017 and Ato00146	Act00051	make the daemon non – executable
Def00205	Vulnerability Removal	Vic00035 and Ato00006 and Ato00007 and Ato00017 and Ato00146	Act00052	make the daemon non – executable

ID	Aim	Condition – Expression	ActionInfoID	Description
Def00206	Vulnerability Removal	Vic00710 and Ato00006 and Ato00007 and Ato00017 and Ato00146	Act00052	make the daemon non – executable
Def00207	Vulnerability Removal	Vic00711 and Ato00006 and Ato00007 and Ato00017 and Ato00146	Act00052	make the daemon non – executable
Def00208	Vulnerability Removal	Vic00712 and Ato00006 and Ato00007 and Ato00017 and Ato00146	Act00052	make the daemon non – executable
Def00209	Vulnerability Removal	Vic00713 and Ato00006 and Ato00007 and Ato00017 and Ato00146	Act00052	make the daemon non – executable

작성이 완료되면 사용자 편의를 위해 문장형태의 지식을 추출해 낸다. 이것은 DefenseInfo 테이블로부터 추출된다. 다양한 지식의 제공을 위해 다음의 세 가지 Style을 제공한다.

○ style 1
   – Condition 중심
○ style 2
   – Action 중심
   – Condition 항목 중복 가능

◦ style 3

    − Prevention / Detection / Recovery / Tolerance 중심

    − 사고 단위의 이해와 적용 가능

    − Vulnerability − based에서 제공

다음은 IN−2001−04 Carko Distributed Denial−of−Service Tool의 Knowledge를 표현한 것으로 style 2 형태이다.

	Aim	Condition	Action
1	Vulnerability Removal	OS(Version): Solaris(2.6), Solaris(7), Solaris(8) Platform: Sparc Solaris	patch from sun
	apply a patch from sun	Service(Version): snmpXdmid(All) NoCheckParameterCondition EnabledAlterReturnAddressInStack RootShellCreated_snmpXdmid StackOverflow	패치를 설치함
2	Vulnerability Removal	OS(Version): Solaris(2.6), Solaris(7), Solaris(8) Platform: Sparc Solaris Service(Version): snmpXdmid(All)	Disable # rpcinfo −p | grep100249 100249 1 u에 32785 100249 1 tcp 32786
	snmpXdmi와 다른 RPC서비스에 대한 접근을 제한한다.	NoCheckParameterCondition EnabledAlterReturnAddressInStack RootShellCreated_snmpXdmid StackOverflow	snmpXdmi와 다른 RPC서비스에 대한 접근을 제한한다.
3	Vulnerability Removal	OS(Version): Solaris(2.6), Solaris(7), Solaris(8) Platform: Sparc Solaris Service(Version): snmpXdmid(All)	Disable mv / etc / rc3.d / SXXdmi / etc / rc3.d / KXXdm
	연관된 데모 서비스를 중지하여 취약점을 제거한다.	NoCheckParameterCondition EnabledAlterReturnAddressInStack RootShellCreated_snmpXdmid StackOverflow	데몬을 중지한다.

	Aim	Condition	Action
4	Vulnerability Removal	OS(Version): Solaris(2.6), Solaris(7), Solaris(8) Platform: Sparc Solaris	Disable / etc / init.d / init.dmi stop
	Prevent the daemon from starting up upon reboot	Service(Version): snmpXdmid(All) NoCheckParameterCondition EnabledAlterReturnAddressInStack RootShellCreated_snmpXdmid StackOverflow	Killing the currently running daemon
5	Vulnerability Removal	OS(Version): Solaris(2.6), Solaris(7), Solaris(8) Platform: Sparc Solaris	Disable ps − ef | grep dmi
	Verify that the daemon is no longer active	Service(Version): snmpXdmid(All) NoCheckParameterCondition EnabledAlterReturnAddressInStack RootShellCreated_snmpXdmid StackOverflow	Verify that the daemon is no longer active
6	Vulnerability Removal	OS(Version): Solaris(2.6), Solaris(7), Solaris(8) Platform: Sparc Solaris	Disable chmod 000 / usr / lib / dmi / snmpXdmid
	make the daemon non − executable	Service(Version): snmpXdmid(All) NoCheckParameterCondition EnabledAlterReturnAddressInStack RootShellCreated_snmpXdmid StackOverflow	Disable chmod 000 / usr / lib / dmi / snmpXdmid

IN − 2001 − 04 Carko Distributed Denial − of − Service Tool의 DefenseInfo table의 실제 건수는 36개다. 그러나 style 2와 같이 action을 중심으로 하여 분류하게 되면 총 6건으로 표현되고 style 3을 중심으로 보게 되면 Prevention에 해당하는 Knowledge만 제공된다.

4.2. DMKB 웹 인터페이스 구현

DMKB의 편리한 사용을 위해 웹 기반 인터페이스를 구축하였다.
DMKB 웹 인터페이스는 웹을 통해 DMKB의 데이터를 검색, 추출할
수 있고 다양한 지식표현 방법을 제공한다. 웹 인터페이스는 Oracle
9i DB를 기반으로, LINUX / UNIX / Windows의 플랫폼에 적용할 수
있고 PHP를 이용하여 Apache 웹서버에서 실행되도록 구현하였다.

4.2.1. 첫 화면

웹 인터페이스 사례는 Windows 2000 서버에서 웹서버 Apache 1.3.9,
프로그래밍 언어 PHP 4로 구현되었으며, DBMS는 Oracle 9.1.0과 연동
되었다. 첫 화면이 보이기에 앞서 플래시로 제작된 소개 화면이 간단
하게 나타난다. 5초 후에 첫 화면으로 자동 전환되며, [skip] 버튼을
통해 바로 이동할 수도 있다. [그림 21]는 DMKB 메인 화면으로 현재
날짜와 등록되어 있는 데이터의 건수가 표시된다.

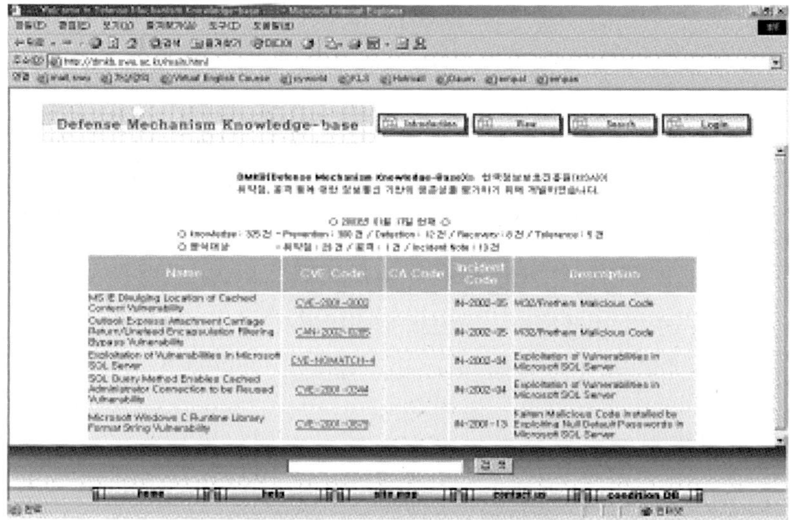

[그림 21] DMKB UI-메인화면

편리한 사용을 위해 주요 메뉴를 아이콘 형식으로 배치하였으며
상단의 아이콘들은 DMKB의 주요 기능을 소개하는 [Introduction],
데이터를 보여주는 [View], 내용을 검색해 주는 [Search], 관리자
로그인을 위한 [Login]이다. 하단의 아이콘들은 부가적인 정보를 제
공하기 위해 사용되며, 사용자가 DB를 분류해 놓은 기준에 대한
이해를 돕기 위한 [help]와 전체 사이트 내용을 보여주는 [site map]
과 기존의 취약성DB의 내용을 보여주는 [condition DB]로 구성되
어 있다.

4.2.2. 주요 메뉴

View의 첫 화면은 다음의 [그림 22]과 같이 취약점을 기준으로
방어 메커니즘을 볼 수 있는 Vulnerability based 내용이 제공된다.
Name, CVE Code, CA code, Incident Code, 설명(Description)을
제공한다.

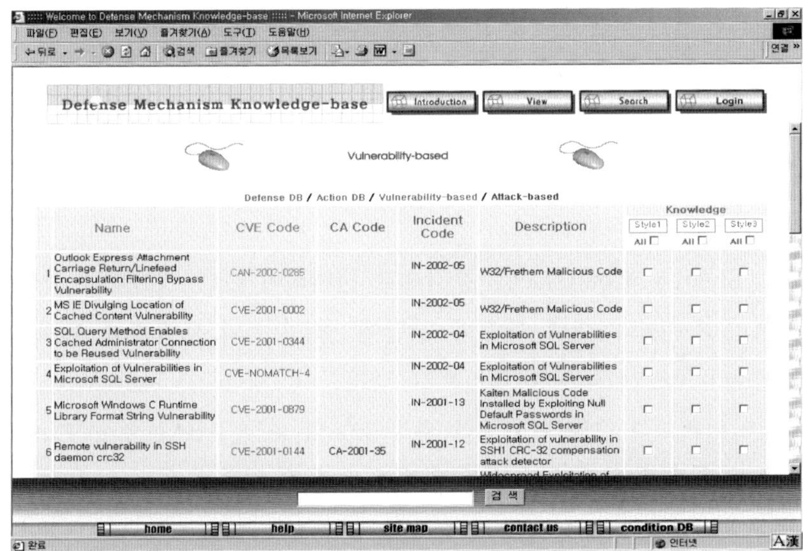

[그림 22] DMKB UI-View

공격 기반으로 방어 메커니즘을 볼 수 있는 Attack based를 볼
수 있으며, 지식 표현의 근거가 되는 Defense DB와 Action DB를
볼 수 있다. View는 Vulnerability based 외에도 공격을 중심으로

Knowledge를 보여주는 Attack based, 방어 메커니즘 지식베이스의 내용을 바로 볼 수 있는 Defense DB, Action DB가 제공된다.

4.2.3. Knowledge 보기

방어 메커니즘 지식을 제공하는 메뉴이다. 방어 메커니즘 지식인 Knowledge를 보기를 원한다면 View의 Vulnerability based, Attack based, Defense DB에서 원하는 항목을 체크하여 Knowledge를 선택한 후, Style1, Style2, Style3 버튼을 누르면 원하는 지식을 볼 수 있다. 앞에서 말했던 것처럼 3가지의 style로 제공되며 복수개의 선택이 가능하다. Vulnerability based에서 knowledge를 선택하면 다음과 같이 나타난다.

Style1은 Condition을 중심으로 선택되며 [그림 23]처럼 출력된다. Knowledge의 선택 개수가 상단에 출력이 되고 각각에 대해 Aim, Condition, Action의 형식으로 나타난다. Style2는 Action을 중심으로 선택되어 [그림 24]처럼 출력되고 Style3은 Prevention / Detection / Recovery / Tolerance를 기준으로 [그림 25]과 같이 출력된다.

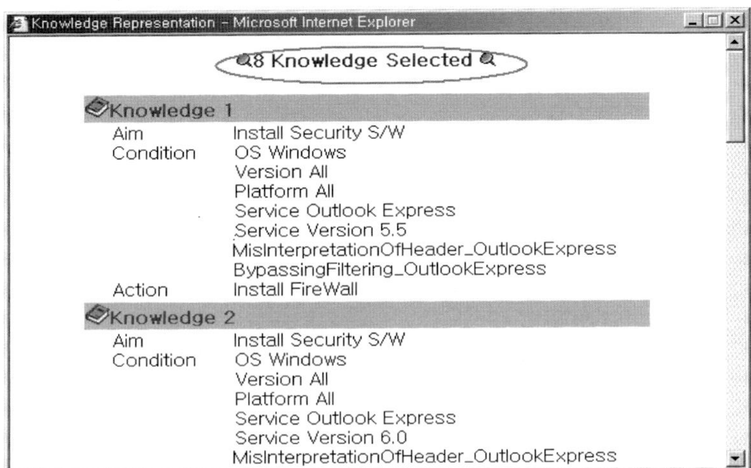

[그림 23] Knowledge Representation – Style1

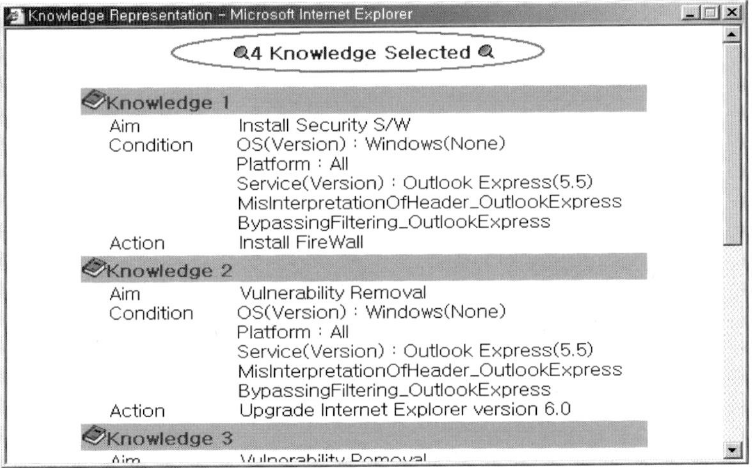

[그림 24] Knowledge Representation – Style2

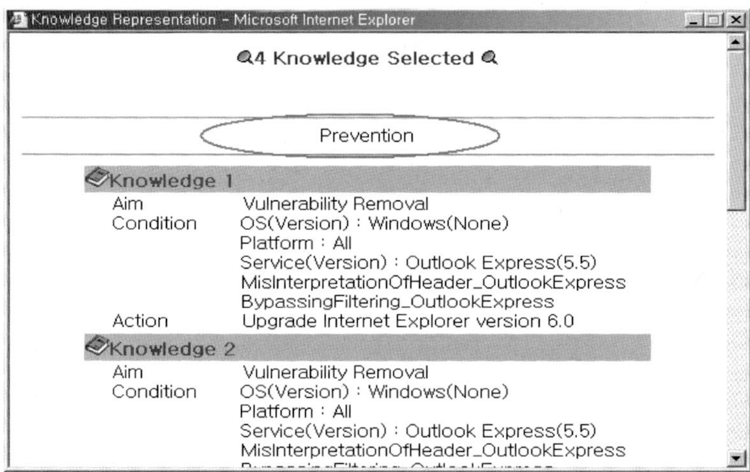

[그림 25] Knowledge Representation – Style3

5.

확장 및 활용

DMKB의 확장 및 활용 사례로 생존성 평가 과정을 들 수 있다 [Eun-Jung 03][Eun-Jung 04]. 생존성 평가를 위해서는 먼저, 평가 대상이 되는 범위를 한정하고 이를 기반으로 주요한 요소들과 함께 평가를 위한 구조를 정의한다.

5.1. 생존성 평가 프레임

생존성 평가를 위한 기반 환경은 가장 일반적인 정보통신 인프라를 모델로 하여 공격, 오류가 일어날 수 있는 네트워크 시스템을 대상으로 한다. 평가과정은 다음의 [그림 26]과 같이 대상이 되는 네트워크 개체, 서버 혹은 클라이언트 등에 대한 평가를 하게 된다. 평가주체는 평가 대상이 되는 인프라의 필수 서비스와 정책, 구조 등에 대한 정보를 확보해야 한다. 평가 대상이 되는 네트워크 인프라의 각각의 구성요소는 DMKB를 통해 1차적 평가가 이루어지고 이를 근거로 최종적 생존성 판단을 하게 된다.

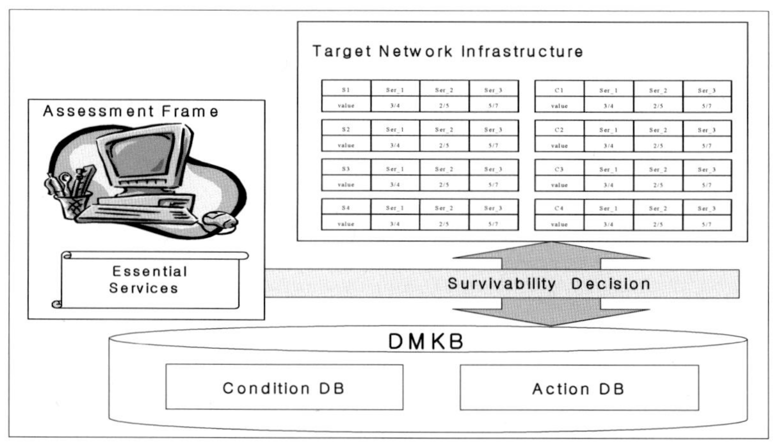

[그림 26] 생존성 평가를 위한 프레임

이 과정에서 DMKB를 이용하여 Condition DB를 기준으로 Action DB가 적용되어 있는지를 판단하여 평가한다. 다음으로 1차적 평가데이터를 기준으로 최종적 생존성 여부를 평가하게 된다. 이 단계에서 주어진 정보통신 인프라에서 고려되어야 하는 필수서비스에 대한 우선순위가 적용되고 정보통신 인프라의 구조와 관계에 대한 의미를 충분히 고려한다.

5.2. 평가 매트릭스(Assessment matrix)

서버, 클라이언트를 비롯한 정보통신 인프라 개체를 평가하기 위한 기준으로 DMKB를 참고하여 생성된다. 1차 기준은 해당 시스템의 지원 가능한 서비스 목록이며, 각각의 목록에 대한 condition과 action을 추출하고 방어 메커니즘이 적용되었는지 여부를 판단한다. 이 과정에서 해당 시스템의 유효 서비스에 대한 확인을 병행하고 평가는 방어 메커니즘의 적용 여부를 백분율로 표현하게 된다.

[표 6] 평가 매트릭스

Major Specification (Alias name)	Condition	Action	Y / N	Rate(%)
Service*1*				
......				
......				
Service*n*				
Result	**Sum of Y / Total**	**Average (%)**		

5.3. 판단 매트릭스(Decision matrix)

최종적인 생존성 여부 평가 단계로 이전 단계에서 작성된 데이터의 서비스별 결과 항목을 가져오게 된다. 이렇게 하면 [표 7]과 같이 네트워크의 구성 시스템의 개수에 따라 평가항목은 늘어나게 된다. 이 과정에서는 추가적으로 해당 시스템의 위치에 대한 관계를 표시하게 된다. 관계는 최종적 생존성 판단에 중요한 영향을 미치게 되므로 네트워크 구성 상황에 따라 다양하게 표시될 수 있다. 각각의 개체에 대한 관계는 서버의 구성형태에 따라 다음과 같이 정의되고 이를 기준으로 해당 서비스의 방어 비율을 [표 8]과 같이 결정하게 된다.

필수 서비스를 위한 AND 관계는 주어진 정보통신 인프라에서 반드시 유지되어야 하는 서비스로 우선적인 고려가 필요하기 때문에 방어 비율의 평균값을 구하게 된다. OR의 경우는 필수 서비스가 아닌 경우로 서비스 실패에 대한 부담이 상대적으로 덜한 경우이다. 이 경우에는 어떤 서비스도 실패할 수 있기 때문에, 최종적으로 낮은 값의 방어 비율을 선택하게 된다. 독립적인 서비스의 경우는 별다른 선택 없이 방어 비율 값을 그대로 유지하게 된다. 대표적인 경우는 단일 시스템으로 운영되는 정보통신 인프라를 들 수 있다.

[표 7] 판단 매트릭스

Service list	System 1	Rela−tion	··· ···	System n	Rela−tion	Decision of Rate(%)	Essential Services
Service*1*							
······							
Service*n*							
Survivable Decision							

[표 8] 연산에 대한 선택

Relation	Meaning	Decision of Rate
AND	Essential service	Average rate
OR	Non−essential service	Small rate
OPT	Optional service	Priority rate
ALONE	Alone service	

5.4. 생존성 평가 사례(Example of Survivability Assessment)

생존성 평가를 위한 몇 가지 사례를 제시하여 실제 평가 과정을 보인다. 두 가지 사례를 제시하는데, IIS를 통한 웹 서비스를 필수 서비스로 정의한다. 첫 번째 경우는 Windows 2000 서버가 단독으로 동작하는 경우와 두 대의 Windows 2000 서버와 Solaris 7 서버가 동작하는 경우를 제시하고 각각의 시스템 상태에 대해서는 임의의 값을 적용하였다.

(1) 단일 시스템(Standalone system)
 ◦ 조건: Windows 2000, All Services
Windows 2000 서버가 단독으로 운영되는 네트워크 인프라이다. 본 네트워크의 필수 서비스는 웹서비스이다.
 ◦ 평가 매트릭스
Windows 2000 서버에서 제공되는 서비스 중에서 알려진 취약점은 IIS, ISAPI, IE에 존재하며, 이와 연관된 총 10개의 방어 메커니즘이 선택되었다. 평가대상이 되는 시스템에 Action DB의 내용이 적용여부에 따라 서비스의 취약 정도를 판단하게 된다. 다음의 경우는 IIS 서비스 중에서 세 개 중에 한 개의 patch만 이루어져 있고 ISAPI는 6개 중 3개의 patch와 보안만 이루어져 있고, IE에 대해서 존재하는 한 개의 patch는 설치된 상황이다. 이를 기준으로 각각의 서비스에 대한 비율을 산출할 수 있으며, 전체 서비스 항목을 기준으로 한 평균적 생존성에 대한 정보를 얻을 수 있다.

Window2000 (Web − main)	Condition	Action	Y / N	Rate(%)
IIS	NoCheckParameterCondition EnabledGainFileInfo_IIS	Patch MS_q269862	Y	33.3
	CGIFilenameIsDecodedTwice ExecuteArbitraryCode_IIS	Patch MS_29787	N	
	CGIFilenameIsDecodedTwice ExecuteArbitraryCode_IIS	Patch MS_29764	N	
ISAPI	StackOverflow RootShellCreated_idq.dll	Install MS_30833	Y	50.0
	StackOverflow RootShellCreated_idq.dll	Upgrade Windows XP	N	
	StackOverflow RootShellCreated_idq.dll	Install based on OEM	Y	
	StackOverflow RootShellCreated_idq.dll	Patch MS01 − 033	Y	
	StackOverflow RootShellCreated_idq.dll	Restore OS (patch set)	N	
	StackOverflow RootShellCreated_idq.dll	Install MS_30800	N	
IE	UnauthorizedCodeInjection − InCache_IE GainInfo − Path_IE ExecuteArbitraryCode_IE	Patch MS_q286045	Y	100.0
Result	**Sum of Y / Total**	**Average(%)**		**61.1**

∘ 판단 매트릭스

최종적인 생존가능성을 판단하기 위해서 평가 매트릭스를 통해 얻어진 값 중에서 서비스의 종류와 방어율 값, 해당 서비스가 주어진 네트워크에서 갖는 관계를 가져온다. 더불어, 필수 서비스 항목에 대해 고려한다. Decision Matrix에서는 선택된 비율에 대해 필수 서비스 항목을 선택하여 한 생존 가능성을 결정하게 된다. 본 예제에서는 전체 평균 방어 비율은 61.1의 값을 갖지만 필수 서비스인 IIS 값에 대한 우선순위가 부여되므로 생존가능성 판단은 33.3의 값을 갖게 된다.

Service list	Win2K(Main)	Rel..	Decision of Rate(%)	Essential Services
IIS	33.3	AND	33.3	O
ISAPI	50.0	OR	50.0	
IE	100.0	OR	100.0	
Result: Survivable Decision (%)			**33.3**	

(2) 다중 시스템(Complicated system)

◦ 조건: Windows 2000, Windows NT, Solaris 7, All Services

본 사례는 두 개의 서버를 포함하고 있는 네트워크 인프라로 Windows 2000 서버가 주 서버이고 Windows NT 서버는 주 서버가 제대로 작동할 수 없을 때를 대비한 대체 서버이다. 대상 인프라의 필수서비스는 IIS를 통해 제공하는 웹서비스이다.

◦ 평가 매트릭스

평가 대상이 되는 세 개의 시스템에 대해 적용하기 위해 동일한 운영체제를 사용하는 두 개의 Windows 2000 서버를 평가한다. 각각의 시스템은 동일한 운영체제를 사용하지만 시스템의 보안 상태는 다르게 평가되고 있다. 또 다른 하나인 Solaris 7 시스템의 경우는 인트라넷 지원을 위해 운영 중인 시스템으로 운영체제, Apache, SSH 서비스를 중심으로 평가하였다.

- Windows 2000(Web service)

Window2000 (Web - main)	Condition	Action	Y / N	Rate(%)
IIS	NoCheckParameterCondition EnabledGainFileInfo_IIS	Patch MS_q269862	Y	33.3
	CGIFilenameIsDecodedTwice ExecuteArbitraryCode_IIS	Patch MS_29787	N	
	CGIFilenameIsDecodedTwice ExecuteArbitraryCode_IIS	Patch MS_29764	N	
ISAPI	StackOverflow RootShellCreated_idq.dll	Install MS_30833	Y	50.0
	StackOverflow RootShellCreated_idq.dll	Upgrade Windows XP	N	
	StackOverflow RootShellCreated_idq.dll	Install based on OEM	Y	
	StackOverflow RootShellCreated_idq.dll	Patch MS01 - 033	Y	
	StackOverflow RootShellCreated_idq.dll	Restore OS (patch set)	N	
	StackOverflow RootShellCreated_idq.dll	Install MS_30800	N	
IE	UnauthorizedCodeInjectionIn - Cache_IE GainInfo - Path_IE ExecuteArbitraryCode_IE	Patch MS_q286045	Y	100.0
Result	**5 / 10**	**Average(%)**		**61.1**

- Windows 2000(Mirroring of Web Service)

Window2000 (Web-mirror)	Condition	Action	Y / N	Rate(%)
IIS	NoCheckParameterCondition EnabledGainFileInfo_IIS	Patch MS_q269862	Y	66.6
	CGIFilenameIsDecodedTwice ExecuteArbitraryCode_IIS	Patch MS_29787	Y	
	CGIFilenameIsDecodedTwice ExecuteArbitraryCode_IIS	Patch MS_29764	N	
ISAPI	StackOverflow RootShellCreated_idq.dll	Install MS_30833	Y	33.3
	StackOverflow RootShellCreated_idq.dll	Upgrade Windows XP	N	
	StackOverflow RootShellCreated_idq.dll	Install based on OEM	N	
	StackOverflow RootShellCreated_idq.dll	Patch MS01-033	Y	
	StackOverflow RootShellCreated_idq.dll	Restore OS (patch set)	N	
	StackOverflow RootShellCreated_idq.dll	Install MS_30800	N	
IE	UnauthorizedCodeInjectionIn-Cache_IE GainInfo-Path_IE ExecuteArbitraryCode_IE	Patch MS_q286045	N	0.0
Result	4 / 10	Average(%)		33.3

- Solaris 7(Intranet)

Solaris 7 (Intranet)	Condition	Action	Y / N	Rate(%)
OS	GainInfo_OSVersion	Set / etc / default / telnetd : BANNER = "\\r\\n\\r\\n	Y	60.0
	RootShellCreated_snmpXdmid StackOverflow	Disable # rpcinfo − p | grep100249 100249 1 u에 32785 100249 1 tcp 32786	Y	
	RootShellCreated_snmpXdmid StackOverflow	Disable mv / etc / rc3.d / SXXdmi / etc / rc3.d / KXXdm	Y	
	RootShellCreated_snmpXdmid StackOverflow	Disable / etc / init.d / init.dmi stop	N	
	RootShellCreated_snmpXdmid StackOverflow	Disable ps − ef | grep dmi	N	
Apache	GainInfo_HTTPDVersion	Set httpd.conf: ServerTokens Prod[uctOnly]	Y	50.0
	RootShellCreated_snmpXdmid StackOverflow	patch sun patch	N	
	StackOverflow RootShellCreated_lpd	Patch Sun_107115 − 08	Y	
	StackOverflow RootShellCreated_lpd	Patch Sun_109321 − 04	N	
Apache SSH	StackOverflow RootShellCreated_lpd	Patch Sun_109320 − 04	Y	100
	EncryptedPasswd Comparison − Error_ssh ExecuteArbitraryCode_ wu − ftpd StackOverflow RootShellCreated_lpd	Upgrade SSH Secure Shell 3.0.1	Y	
Result	7 / 11	Average(%)		70

◦ 판단 매트릭스

최종적인 생존성 평가를 위해 동일한 방법으로 구해진 판단 매트릭스에서 각각의 시스템의 서비스 종류, 관계, 비율 값을 추출한다. 여기서는 다수개의 서버, 동일한 서비스들이 제공되고 있기 때문에 생존 가능성을 판단하기 위해서 각 서버 간의 관계를 고려하여 최종적인 방어 비율 값을 결정하게 된다.

예를 들어 IIS 서비스의 경우 주요 웹 서버의 방어 비율 33.3에 그치지만 동일한 서비스가 가능한 다른 시스템에서 66.6의 방어 비율을 보이고 있고 각각의 서비스가 AND 관계로 우선순위를 갖기 때문에 방어율 값의 평균에 해당하는 49.9의 비율 값을 결정하게 된다. ISAPI의 경우는 제공되는 각각의 서비스의 비율이 50.0, 33.0을 나타내지만 두 개 서비스 간의 관계가 OR로 시스템 오류 발생 시에 우선순위를 가질 수가 없기 때문에, 작은 값만큼만 보장을 받게 되어 33.3이 선택된다. 생존 가능성 선택에 의해서는 필수 서비스로 지정된 IIS 서비스를 기준으로 66.6이 선택된다.

Service list	Win2K (Main)	Rel.	Win2K (Mirror)	Rel.	Sol－aris7	Rel.	Decision of Rate(%)	Essential Services
IIS	33.3	AND	66.6	AND	N / A		49.9	O
ISAPI	50.0	OR	33.3	OR	N / A		33.3	
IE	100.0	OR	0.0	OPT	N / A		100.0	
OS	N / A		N / A		60.0	OR	60.0	
Apache	N / A		N / A		50.0	OR	50.0	
Apache / SSH	N / A		N / A		100.0	OR	100.0	
Result		Survivable Decision(%)					66.6	

참고문헌

[Charles 99] Charles P. Pfleeger, "Security in Computing Second Edition", Prentice－Hall International Inc., pp.4～11, February 1999.

[Cliff 02] Cliff.C. Zou, W. Gong, and D. Towsley. Code Red Worm Propagation Modeling and Analysis. In 9th ACM Symposium on Computer and Communication Security, Washington DC, 2002.

[David 99] David. A. Fisher and H.F. Lipson, "Emergent Algorithms － A New Method for Enhancing Survivability in Unbounded Systems", Proceedings of the 32nd Annual Hawaii International Conference on System Sciences, Maui, Hawaii, January 5～8, 1999(HICSS－32), IEEE Computer Society, 1999.

[David 02] David. Moore, C. Shannon, and J. Brown. Code－Red: a Case Study on the Spread and Victims of an Internet Worm. In Proceedings of the Second Internet Measurement Workshop, pp.273～284, November 2002.

[Dieter 99] Dieter Gollmann, "Computer Security", JOHN WILEY & SONS, pp.5～9, February 1999.

[Eric 01] Eric Maiwald and William Sieglen: Security Planning & Disaster Recovery Blueprints, McGraw－Hill / Osborne, pp.2～8, 2001.

[Eun－Jung 03] Eun－Jung Choi, Ju－Young Yu, Young－Hyun Kim, Myuhng－Joo Kim, Do－Yoon Ha, Hyung－Jong Kim, "Defense Mechanism for Information and Communication Infrastructure", International Conference ICIS 03, June 23～26 2003.

[Eun－Jung 04] Eun－Jung Choi, Hyung－Jong Kim, Myuhng－Joo Kim, "DMKB: A Defense Mechanism Knowledge Base", International Conference ICCSA, May 2004, Assisi Italy, LNCS 3043 2004.

[Fred 99] Fred. Cohen, "Simulationg Cyber Attacks, Defense, and Consequences", Computer & Security, Vol.18, pp.479～518, 1999.

[Howard 00] Howard F. Lipson, "Survivability－A New Security Paradigm for Protecting Highly Distributed Mission Critical Systems." 38th Meeting of IFIP Working Group 10.4 on Dependable Computing and Fault Tolerance. Kerhonkson, NY, June 28－July 2, 2000.

[Howard 03] Howard. F. Lipson, D. A. Fisher, "Survivability－A New Technical and Business Perspective on Security", Proceedings of the 1999 New Security Paradigms Workshop. Caledon Hill, ON, September 21－24, 1999. New York, NY: Association for Computer Machinery, 2000.

[HyungJong 02] HyungJong Kim, KyungHee Koh, DongHoon Shin and HongGeun Kim, "Vulnerability Assessment Simulation for Information Infrastructure Protection", Infrastructure Security Conference 2002, Bristol, UK.

[Jaynarayan 03] Jaynarayan. H. Lala, "Introduction", Proceeding of the Foundation of Intrusion Tolerant System(OASIS'03), IEEE Computer Society, 2003.

[Jelena 02] Jelena Mirkovic, Peter Reiher, and Greg Prier. "Attacking DDoS at the source." ICNP (Paris, France, 12－15 November

2002), pp.312~321. IEEE, 2002.

[Jelena 02] Jelena. Mirkovic, J. Martin, and P. Reiher. A taxonomy of DDoS attacks and DDoS defense mechanisms. Technical Report 18, University of California, Los Angeles － Computer Science Department, 2002.

[John 98] John D. Howard, Tomas A. Longstaff: A Common Language for Computer Security Incidents. SANDIA98－8667 Sandia National Laboratories, pp.8~16, 1998.

[KISA 03] KISA, 서울여자대학교, "방어 메커니즘 지식베이스 웹 인터페이스 개발 및 정보 입력 용역", 한국정보보호진흥원, 2003. 1.

[Koral 92] Koral Ilgun, "USTAT－A Real Time Intrusion Detection System for UNIX", MS Degree Dissertation, Univ. of California at Santa Barbara, 1992.

[Matte 99] Matte. Bishop: Vulnerabilities Analysis. Proceedings of the Recent Advances in Intrusion Detection, 1999.

[Nancy 00] Nancy R. Mead, Robert Ellison, Richard C. Linger, Howard F. Lipson, John McHugh, "Life－Cycle Models for Survivable Systems", Proceedings of the Third Information Survivability Workshop(ISW 2000), October 24－26, 2000.

[Proctor 00] Proctor, Paul E., "THE PRACTICAL Intrusion Detection HANDBOOK", Prentice Hall, p.6, August 2000.

[Robert 97] Robert. J. Ellison, D. A. Fisher, R. C. Linger, H. F. Lipson, T. Longstaff, & N. R. Mead, "Survivable Network System: An Emerging Discipline", CMU / SEI－97－TR－013, November 1997.

[Richard 01] Richard. C. Linger, A. P. Moore, "Foundations for Survivable

System Development: Service Traces, Intrusion Traces, and Evaluation Models", Technical Report CMU / SEI −20001 −TR −029, Carnegie Mellon University, Pittsburgh, PA 15213, October 2001.

[Sonesh 01] Somesh. Jha and Jeannette. M. Wing. "Survivability Analysis of Networked Systems", In Proceedings of the 23rd International Conference on Software Engineering(ICSE2000), pp.307 ~317, 2001.

[Vickie 04] Vicky R. Westmark, "A Definition for Information System Survivability", Proceeding of the 37th Hawaii International Conference on System Sciences 2004, Big Island, Hawaii, January 05 − 08, 2004.

[ALL] http://all.net/

[CVE] http://cve.mitre.org/

[CVE − 0500] http://cve.mitre.org/cgi − bin/cvename.cgi?name =CVE −20 01 − 0500

[CERT] http://www.cert.rog/

[FW1] http://www.checkpoint.com/products/firewall − 1/

[FW1] F/W − 1 User's Manual, CheckPoint

[IN] http://www.cert.org/incident_notes/

[IN − 2001 − 04] http://www.cert.org/incident_notes/IN − 2001 − 04.html

[IN − 2001 − 09] http://www.cert.org/incident_notes/IN − 2001 − 09.html

[IR] http://www.cert.org/tech_tips/incident_reporting.html

[KRCERT] http://krcert.or.kr/

[OVAL] http://oval.mitre.org/

[SANS] http://www.sans.org/top20/

[SNORT] http://www.snort.org/

[VULS] http://www.kb.cert.org/vuls/

부록. DMKB 프로그램 내용

제1절 S / W 개요

1. 개 요

본 S / W는 취약성 DB와 공격 DB를 관리 / 검색하기 위한 도구이다. 각각의 DB에 대한 입력, 수정, 검색 기능과 하나의 취약점에 연관된 Table들을 출력해 주는 기능을 제공한다.

2. 구현 환경

- OS   : LINUX Redhat 7.3
- H / W Platform   : Intel Pentium IV 2GMHz
- Web Server   : Apache 1.3.9
- DBMS   : Oracle 9i
- PHP   : PHP 4.2.3

3. 설 치

설치에 앞서 위의 구현환경에서 언급된 환경이 구축되고, 다음과 같은 디렉터리에 아래와 같은 파일들이 설치되어야 한다.

디렉터리	파일 리스트
/ htdocs	dmkb_big.swf down.htm home1.php index.html intro.htm login.php main.html sitemap.htm title.htm up.php
/ htdocs / help	demo.wcm help.htm
/ htdocs / admin	actioninfo_del.php actioninfo_list.php actioninfo_modify.php actioninfo_modify2.php admin.php admin_actioninfo.php admin_defenseinfo.php defenseinfo_del.php defenseinfo_list.php defenseinfo_modify.php defenseinfo_modify2.php
/ htdocs / manual / vhosts	details.html details_1_2.html examples.html fd − limits.html footer.html header.html

디렉터리	파일 리스트
/ htdocs / manual / vhosts	host.html index.html ip − based.html mass.html name − based.html vhosts − in − depth.html virtual − host.html
/ htdocs / search	search.php search1.php search2.php search_save1.php search_save2.php search_save3.php
/ htdocs / view	ActionInfo.php DefenseInfo.php Vulnerability.php attackinfo.php
/ htdocs / manual	ebcdic.html env.html footer.html handler.html header.html index.html install − tpf.html install.html invoking.html keepalive.html location.html man − template.html multilogs.html

디렉터리	파일 리스트
/ htdocs / manual	netware.html new_features_1_0.html new_features_1_1.html new_features_1_2.html new_features_1_3.html process − model.html readme − tpf.html sections.html sourcereorg.html stopping.html suexec.html suexec_1_2.html unixware.html upgrading_to_1_3.html windows.html
/ htdocs / manual / misc	API.html client_block_api.html compat_notes.html custom_errordocs.html descriptors.html FAQ.html fin_wait_2.html footer.html header.html
/ htdocs / manual / misc	howto.html HTTP_Features.tsv index.html known_client_problems.html nopgp.html perf.html

디렉터리	파일 리스트
/ htdocs / manual / misc	perf − bsd44.html perf − dec.html perf − hp.html perf − tuning.html rewriteguide.html security_tips.html vif − info.html windoz_keepalive.html
/ htdocs / manual / mod	core.html directive − dict.html directives.html footer.html header.html index.html mod_access.html mod_actions.hmtl mod_alias.html mod_asis.html mod_auth.html mod_auth_anon.html mod_auth_db.html mod_auth_dbm.html mod_auth_digest.html mod_autoindex.html mod_browser.html mod_cern_meta.html mod_cgi.html mod_cookies.html mod_digest.html mod_dir.html

디렉터리	파일 리스트
/ htdocs / manual / mod	mod_dld.html mod_dll.html
/ htdocs / manual / mod	mod_env.html mod_example.html mod_expires.html mod_headers.html mod_imap.html mod_include.html mod_info.html mod_isapi.html mod_log_agent.html mod_log_common.html mod_log_config.html mod_log_referer.html mod_mime.html mod_mime_magic.html mod_mmap_static.html mod_negotiation.html mod_proxy.html mod_rewrite.html mod_setenvif.html mod_so.html mod_speling.html mod_status.html mod_unique_id.html mod_userdir.html mod_usertrack.html mod_vhost_alias.html
/ htdocs / manual / search	manual − index.cgi

디렉터리	파일 리스트
/ htdocs / result	resultview.php vulresultview.php
/ htdocs / vdbfs	atomicvulnerability.php attackinfo.php attackusevulnerability.php commandinfo.php configureinfo.php inputtypeinfo.php menu.php print.php solutioninfo.php vdbfsframe.php victiminfo.php vulnerabilityinfo.php

제2절 S / W 명세

1. 기능 차트

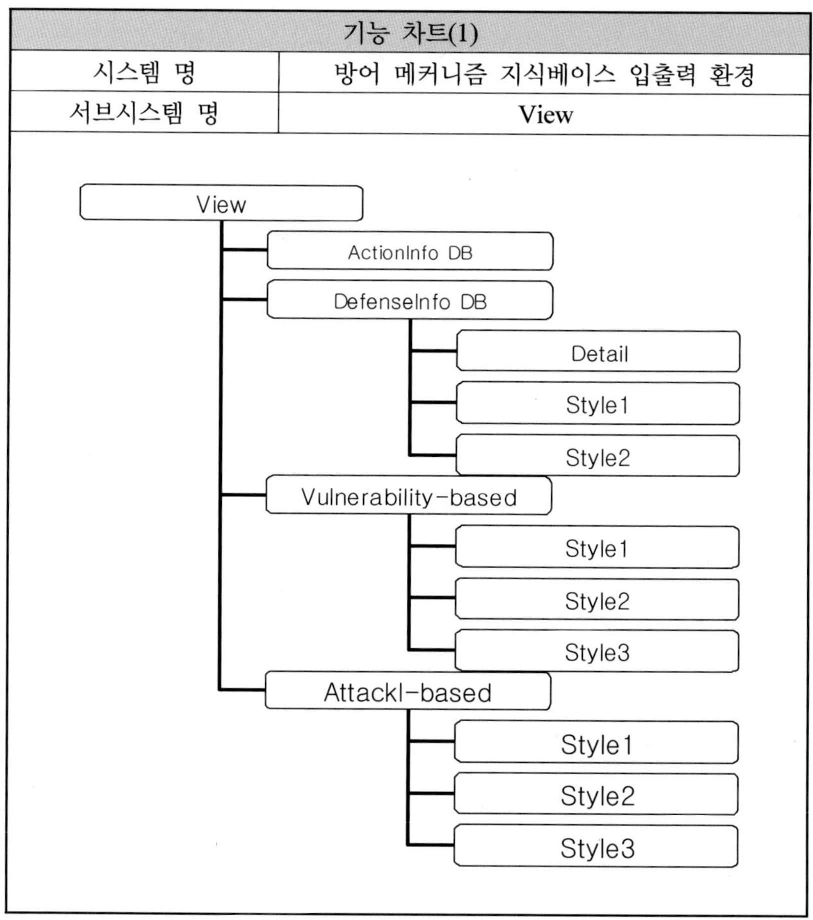

<table>
<tr><td colspan="2" align="center">기능 차트(2)</td></tr>
<tr><td align="center">시스템 명</td><td align="center">방어 메커니즘 지식베이스 입출력 환경</td></tr>
<tr><td align="center">서브시스템 명</td><td align="center">Admin</td></tr>
</table>

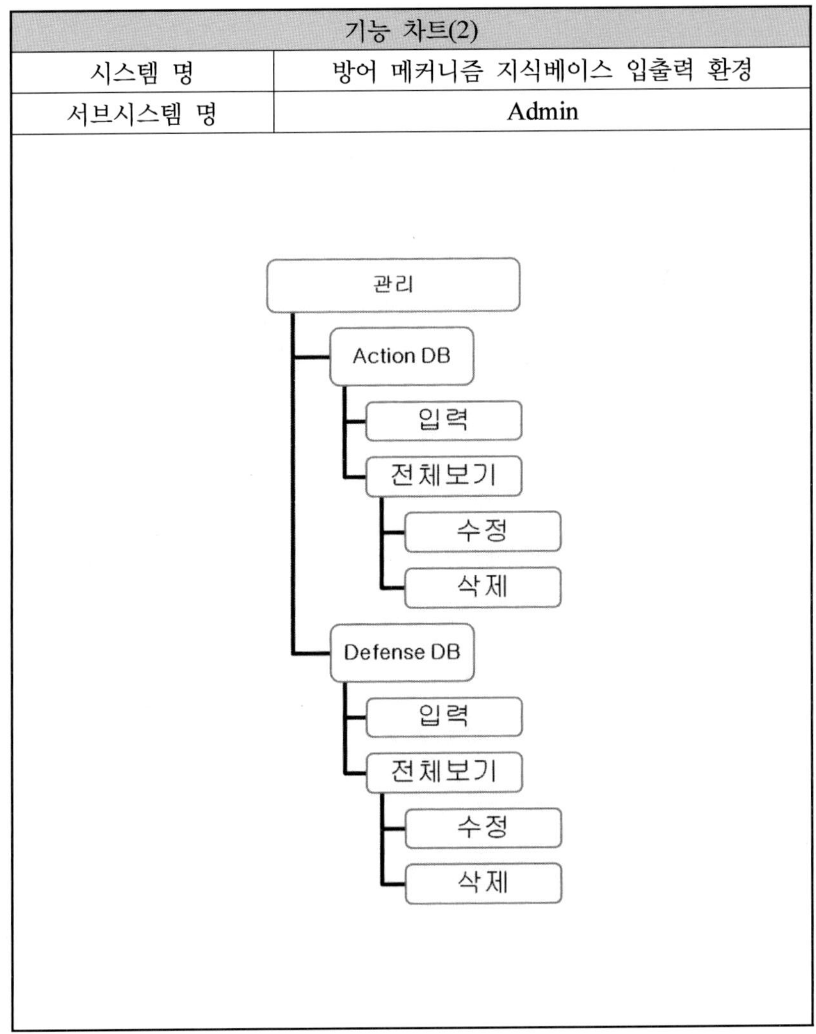

기능 차트(3)
시스템 명
방어 메커니즘 지식베이스 입출력 환경
서브시스템 명
Search
Search
전체검색
항목검색
Specification
OS
Version
Service
S_Version
Vulnerability
CVE-Code
Attack
Action
Type
Object
Command
Description
Defense
Aim
Discription

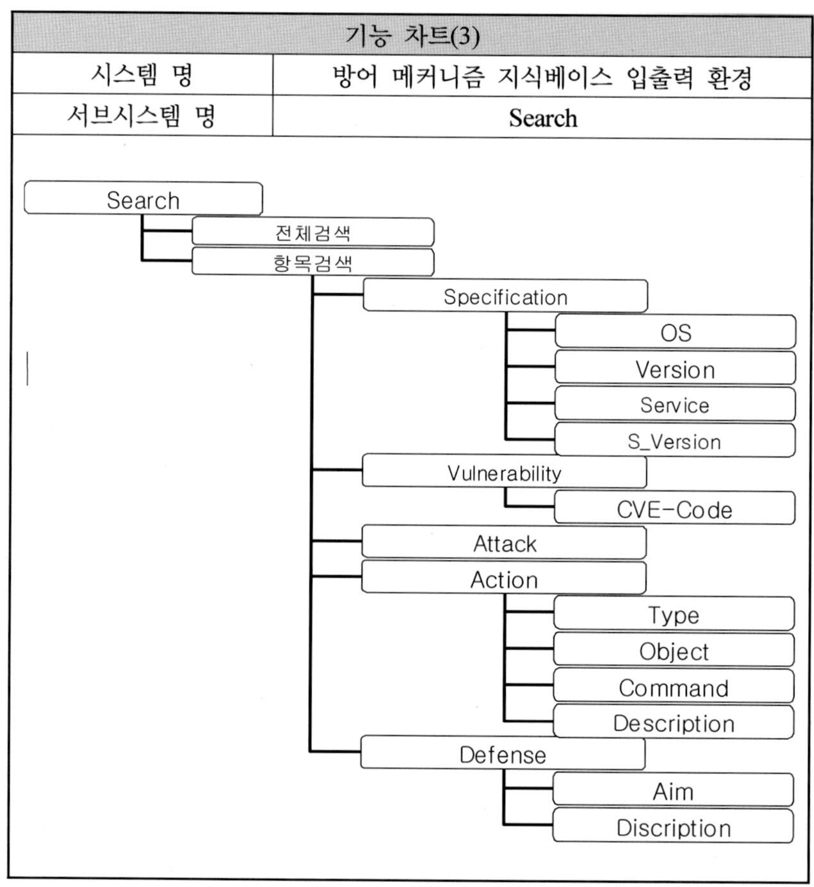

98

<table>
<tr><td colspan="2" align="center">기능 차트(4)</td></tr>
<tr><td align="center">시스템 명</td><td align="center">방어 메커니즘 지식베이스 입출력 환경</td></tr>
<tr><td align="center">서브시스템 명</td><td></td></tr>
</table>

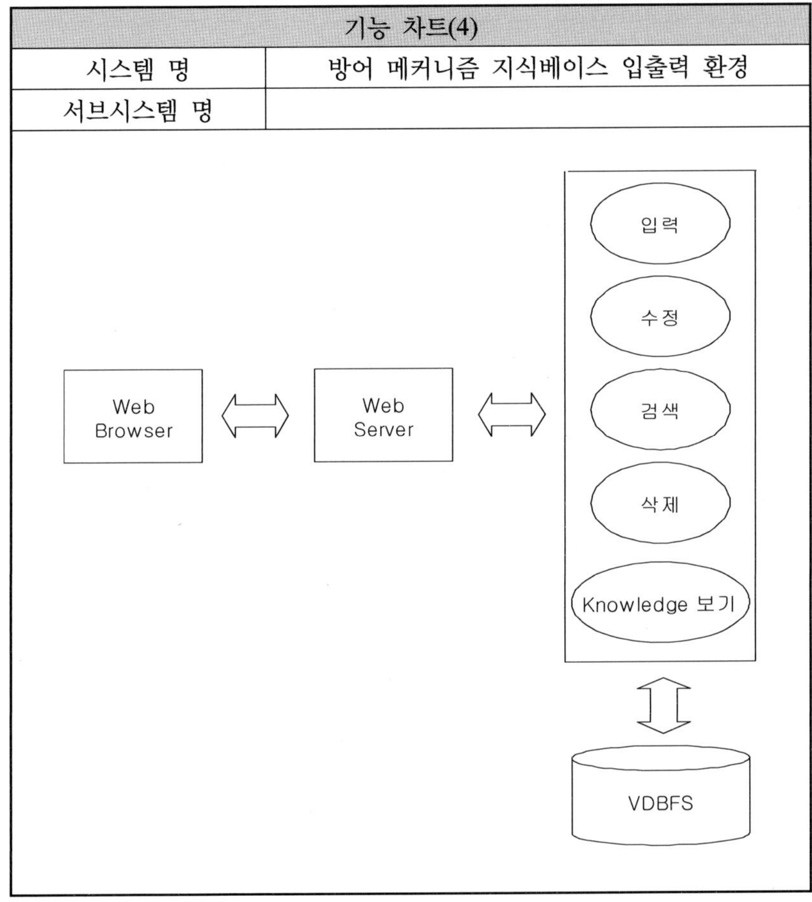

2. DB · Table 명세서

● Action DB

Table Name	Description		
ActionInfo	방어 행동 정보 Table		
Column	Description	Type	Length
ID	Act + [Index]	VARCHAR2	9
Type	Prevention / Detection / Recovery / Tolerance	VARCHAR2	30
Command	명령어	VARCHAR2	100
Object	대상	VARCHAR2	200
Description	설명	VARCHAR2	500

● Defense DB

Table Name	Description		
DefenseInfo	방어 행동 정보 Table		
Column	Description	Type	Length
ID	Act + [Index]	VARCHAR2	9
CVE_code	CVE 코드	VARCHAR2	14
CA_code	Cert Advisory 코드	VARCHAR2	11
IN_code	Incident Notes 코드	VARCHAR2	10
ConditionExp	Condition DB 조합	VARCHAR2	300
Action_ID	ActionInfo ID	VARCHAR2	8
Aim	적용 목적	VARCHAR2	200
Description	설명	VARCHAR2	500
DComment	Incident Notes 제목	VARCHAR2	300

● 모듈 리스트

admin / actioninfo_del.php

admin / actioninfo_list.php

admin / actioninfo_modify.php

admin / actioninfo_modify2.php

admin / admin.php

admin / admin_actioninfo.php

admin / admin_defenseinfo.php

admin / defenseinfo_del.php

admin / defenseinfo_list.php

admin / defenseinfo_modify.php

admin / defenseinfo_modify2.php

result / resultview.php

result / vulresultview.php

vdbfs / atomicvulnerability.php

vdbfs / attackinfo.php

vdbfs / attackusevulnerability.php

vdbfs / commandinfo.php

vdbfs / configureinfo.php

vdbfs / inputtypeinfo.php

vdbfs / menu.php

vdbfs / print.php

vdbfs / solutioninfo.php

vdbfs / vdbfsframe.php

vdbfs / victiminfo.php

vdbfs / vulexp.php

vdbfs / vulnerabilityinfo.php

view / ActionInfo.php

view / DefenseInfo.php

view / Vulnerability.php

view / attackinfo.php

search / search.php

search / search1.php

search / search2.php

search / search_save1.php

search / search_save2.php

search / search_save3.php

모듈 명세서(1)	
모듈명	Administration
파일명	admin / admin.php
기 능	Input Form For Insert. 출력
기능구성	입력	Admin_ID Admin_PassWord ActionInfo_Type ActionInfo_Command ActionInfo_Object ActionInfo_Description DefenseInfo_Aim DefenseInfo_ConditionExp DefenseInfo_ActionID DefenseInfo_Description
	처리	Admin_ID: login 창으로부터 ID를 넘겨받아 Admin_PassWord가 같은지 비교하여 일치하면 폼을 출력 ActionInfo_ID: 현재의 ID값보다 1 큰 값을 출력 DefenseInfo_ID: 현재의 ID값보다 1 큰 값을 출력 삽입하려는 ID에 따른 값을 각 입력 폼을 통해 입력
	출력	Insert Form을 출력한다. 입력받은 값들을 admin_actioninfo.php, 혹은 admin_defenseinfo.php에 넘김.

모듈 명세서(2)	
모듈명	Print ActionInfo Table
파일명	admin / actioninfo_list.php
기 능	ActionInfo Table 출력
기능구성	입력	Table Name: ActionInfo
	처리	ActionInfo Table의 ID, Type, Command, Object, Description 항목 출력
	출력	테이블의 내용 모두 출력

모듈 명세서(3)	
모듈명	Print DefenseInfo Table
파일명	admin / defenseinfo_list.php
기 능	DefenseInfo Table 출력
기능구성	입력	Table Name: ActionInfo
	처리	DefenseInfo Table의 ID, Aim, Condition_Exp, ActionID, Description 항목을 출력
	출력	테이블의 내용을 모두 출력

모듈 명세서(4)	
모듈명	Insert ActionInfo Table
파일명	admin / admin_actioninfo.php
기 능	Insert
기능구성	입력	ActionInfo_ID ActionInfo_Type ActionInfo_Command ActionInfo_Object ActionInfo_Description
	처리	입력받은 값을 ActionInfo Table에 삽입
	출력	ActionInfo Table Inserted

모듈 명세서(5)		
모듈명	Insert DefenseInfo Table	
파일명	admin / admin_defenseinfo.php	
기 능	Insert	
기 능 구 성	입력	DefenseInfo_ID DefenseInfo_Aim DefenseInfo_ConditionExp DefenseInfo_ActionID DefenseInfo_Description
	처리	입력받은 값을 DefenseInfo Table에 삽입
	출력	DefenseInfo Table Inserted

모듈 명세서(6)		
모듈명	Modify ActionInfo Table	
파일명	admin / actioninfo_modify.php	
기 능	Selected Modify Value 출력	
기 능 구 성	입력	ActionInfo_ID ActionInfo_Type ActionInfo_Command ActionInfo_Object ActionInfo_Description
	처리	수정하려는 ID에 따른 값을 각 입력 폼을 통해 입력
	출력	변경된 값을 actioninfo_modify2.php에 넘김.

<table>
<tr><td colspan="3" align="center">모듈 명세서(7)</td></tr>
<tr><td colspan="2">모듈명</td><td>Modify DefenseInfo Table</td></tr>
<tr><td colspan="2">파일명</td><td>admin / defenseinfo_modify.php</td></tr>
<tr><td colspan="2">기 능</td><td>Selected Modify Value 출력</td></tr>
<tr><td rowspan="3">기
능
구
성</td><td>입력</td><td>DefenseInfo_ID
DefenseInfo_Aim
DefenseInfo_ConditionExp
DefenseInfo_ActionID
DefenseInfo_Description</td></tr>
<tr><td>처리</td><td>수정하려는 ID에 따른 값을 각 입력 폼을 통해 입력</td></tr>
<tr><td>출력</td><td>변경된 값을 defenseinfo_modify2.php에 넘김.</td></tr>
</table>

<table>
<tr><td colspan="3" align="center">모듈 명세서(8)</td></tr>
<tr><td colspan="2">모듈명</td><td>Modify ActionInfo Table</td></tr>
<tr><td colspan="2">파일명</td><td>admin / actioninfo_modify2.php</td></tr>
<tr><td colspan="2">기 능</td><td>Modify</td></tr>
<tr><td rowspan="3">기
능
구
성</td><td>입력</td><td>ActionInfo_ID
ActionInfo_Type
ActionInfo_Command
ActionInfo_Object
ActionInfo_Description</td></tr>
<tr><td>처리</td><td>넘겨받은 값으로 ID가 일치하는 값을 Update</td></tr>
<tr><td>출력</td><td>ActionInfo Table Modified</td></tr>
</table>

<table>
<tr><td colspan="3" align="center">모듈 명세서(9)</td></tr>
<tr><td colspan="2">모듈명</td><td>Modify DefenseInfo Table</td></tr>
<tr><td colspan="2">파일명</td><td>admin / defenseinfo_modify2.php</td></tr>
<tr><td colspan="2">기 능</td><td>Modify</td></tr>
<tr><td rowspan="7">기
능
구
성</td><td rowspan="5">입력</td><td>DefenseInfo_ID</td></tr>
<tr><td>DefenseInfo_Aim</td></tr>
<tr><td>DefenseInfo_ConditionExp</td></tr>
<tr><td>DefenseInfo_ActionID</td></tr>
<tr><td>DefenseInfo_Description</td></tr>
<tr><td>처리</td><td>넘겨받은 값으로 ID가 일치하는 값을 Update</td></tr>
<tr><td>출력</td><td>DefenseInfo Table Modified</td></tr>
</table>

<table>
<tr><td colspan="3" align="center">모듈 명세서(10)</td></tr>
<tr><td colspan="2">모듈명</td><td>Delete ActionInfo Table</td></tr>
<tr><td colspan="2">파일명</td><td>admin / actioninfo_del.php</td></tr>
<tr><td colspan="2">기 능</td><td>Delete</td></tr>
<tr><td rowspan="3">기
능
구
성</td><td>입력</td><td>ActionInfo_ID</td></tr>
<tr><td>처리</td><td>일치하는 ID를 찾아 삭제</td></tr>
<tr><td>출력</td><td>삭제된 테이블을 출력</td></tr>
</table>

<table>
<tr><td colspan="3" align="center">모듈 명세서(11)</td></tr>
<tr><td colspan="2">모듈명</td><td>Delete DefenseInfo Table</td></tr>
<tr><td colspan="2">파일명</td><td>admin / defenseinfo_del.php</td></tr>
<tr><td colspan="2">기 능</td><td>Delete</td></tr>
<tr><td rowspan="3">기
능
구
성</td><td>입력</td><td>DefenseInfo_ID</td></tr>
<tr><td>처리</td><td>일치하는 ID를 찾아 삭제</td></tr>
<tr><td>출력</td><td>삭제된 테이블을 출력</td></tr>
</table>

<table>
<tr><td colspan="3" align="center">모듈 명세서(12)</td></tr>
<tr><td colspan="2">모듈명</td><td>Print Detail, Knowledge of DefenseInfo</td></tr>
<tr><td colspan="2">파일명</td><td>result / resultview.php</td></tr>
<tr><td colspan="2">기 능</td><td>Detail을 출력하며, Knowledge를 Style에 따라 출력</td></tr>
<tr><td rowspan="4">기
능
구
성</td><td>입력</td><td>Knowledge_Style1
Knowledge_Style2
Detail
DefenseInfo_ID</td></tr>
<tr><td>처리</td><td>Detail
　-DefenseInfo의 CVE-Code, ActionID, ConditionExp, Description을 선택
　-CVE-Code와 일치하는 값을 VulnerabilityInfo에서 선택
　-ActionID와 일치하는 값을 ActionInfo에서 선택 ConditionExp의 VictimInfo_ID와 일치하는 값을 VictimInfo에서 선택
　-Vul_Expression의 Atomic_Vulnerability_ID와 일치하는 Name을 VulnerabilityInfo에서 선택
　-VulnerabilityInfo_ID와 일치하는 AttackInfo_ID를 AttackUseVulnerability에서 찾아, 그 AttackInfo_ID와 일치하는 값을 InputTypeInfo에서 선택
　-InputTypeInfo_ID와 일치하는 값을 ComamndInfo에서 선택
Style 1
　-입력받은 DefenseInfo_ID와 같은 Aim, ConditionExp, ActionID를 선택
　-ConditionExp의 VictimInfo_ID와 Atomic_Vulnerability_ID를 분리, Atomic_VulnerabilityInfo_ID가 일치하는 값을 Atomic_Vulnerability에서 선택, VictimInfo_ID와 일치하는 값을 VictimInfo에서 선택, ActionID가 일치하는 Command, Object를 ActionInfo에서 선택
　-선택한 값을 모두 출력
Style 2
　-Style 1에서 CVE-Code(순차), ActionID의 종류에 따라 Sort해서 출력</td></tr>
<tr><td>출력</td><td>Knowledge와 Detail을 출력</td></tr>
</table>

<table>
<tr><td colspan="3" align="center">모듈 명세서(13)</td></tr>
<tr><td>모듈명</td><td colspan="2">Print Detail, Knowledge of Vulnerability and AttackInfo</td></tr>
<tr><td>파일명</td><td colspan="2">result / vulresultview.php</td></tr>
<tr><td>기 능</td><td colspan="2">Detail을 출력하며, Knowledge를 Style에 따라 보인다.</td></tr>
<tr><td rowspan="3">기
능
구
성</td><td>입력</td><td>Knowledge_Style1
Knowledge_Style2
Knowledge_Style3
Detail
DefenseInfo_ID</td></tr>
<tr><td>처리</td><td>resultview.php는 DefenseInfo_ID를 입력받음. vulresultview.php는 CVE-Code를 입력받음.
입력받은 CVE-Code로 DefenseInfo_ID를 Select하는 문장 추가
Style 3: ActionInfo Table의 Type의 종류에 따라 출력</td></tr>
<tr><td>출력</td><td>Knowledge와 Detail을 출력</td></tr>
</table>

<table>
<tr><td colspan="3" align="center">모듈 명세서(14)</td></tr>
<tr><td>모듈명</td><td colspan="2">Print Atomic_Vulnerability Table</td></tr>
<tr><td>파일명</td><td colspan="2">vdbfs / atomicvulnerability.php</td></tr>
<tr><td>기 능</td><td colspan="2">Atomic_Vulnerability Table 출력</td></tr>
<tr><td rowspan="3">기
능
구
성</td><td>입력</td><td>Table: Atomic_Vulnerability</td></tr>
<tr><td>처리</td><td>Atomic_Vulnerability Table의 ID, Name, Type, Input, Initial_State, Final_State, Category 항목을 출력</td></tr>
<tr><td>출력</td><td>Atomic_Vulnerability Table 출력</td></tr>
</table>

<table>
<tr><th colspan="3">모듈 명세서(15)</th></tr>
<tr><td colspan="2">모듈명</td><td>Print AttackInfo Table</td></tr>
<tr><td colspan="2">파일명</td><td>vdbfs / attackinfo.php</td></tr>
<tr><td colspan="2">기 능</td><td>AttackInfo Table 출력</td></tr>
<tr><td rowspan="4">기
능
구
성</td><td>입력</td><td>Table: AttackInfo</td></tr>
<tr><td>처리</td><td>AttackInfo Table의 ID, Attack_Name, Authorization_And_Location, Skill_Level, Goal, IS_MultiAttacker, IS_Target_Distributed, Packet_#, Avg_Inter_Arrival_Time, Command_#, Type 항목 출력</td></tr>
<tr><td>출력</td><td>AttackInfo Table 출력</td></tr>
</table>

<table>
<tr><th colspan="3">모듈 명세서(16)</th></tr>
<tr><td colspan="2">모듈명</td><td>Print CommandInfo Table</td></tr>
<tr><td colspan="2">파일명</td><td>vdbfs / commandinfo.php</td></tr>
<tr><td colspan="2">기 능</td><td>CommandInfo Table 출력</td></tr>
<tr><td rowspan="3">기
능
구
성</td><td>입력</td><td>Table: CommandInfo</td></tr>
<tr><td>처리</td><td>CommandInfo Table의 ID, Command, InputTypeInfo_ID 항목을 출력</td></tr>
<tr><td>출력</td><td>CommandInfo Table 출력</td></tr>
</table>

<table>
<tr><th colspan="3">모듈 명세서(17)</th></tr>
<tr><td colspan="2">모듈명</td><td>Print ConfigureInfo Table</td></tr>
<tr><td colspan="2">파일명</td><td>vdbfs / configureinfo.php</td></tr>
<tr><td colspan="2">기 능</td><td>ConfigureInfo Table 출력</td></tr>
<tr><td rowspan="3">기
능
구
성</td><td>입력</td><td>Table: ConfigureInfo</td></tr>
<tr><td>처리</td><td>ConfigureInfo Table의 ID, AV_ID, VictimInfo_ID, Description 항목을 출력</td></tr>
<tr><td>출력</td><td>ConfigureInfo Table 출력</td></tr>
</table>

<table>
<tr><td colspan="3" align="center">모듈 명세서(18)</td></tr>
<tr><td colspan="2">모듈명</td><td>Print InputTypeInfo Table</td></tr>
<tr><td colspan="2">파일명</td><td>vdbfs / inputtypeinfo.php</td></tr>
<tr><td colspan="2">기 능</td><td>InputTypeInfo Table 출력</td></tr>
<tr><td rowspan="4">기능구성</td><td>입력</td><td>InputTypeInfo Table 출력</td></tr>
<tr><td>처리</td><td>InputTypeInfo Table의 ID, Protocol, Source_Port, Destination_Port, TCP_Flag, ICMP_Type, IS_Command, Data_Length, Data, AttackInfo_ID 항목을 출력</td></tr>
<tr><td>출력</td><td>InputTypeInfo Table 출력</td></tr>
</table>

<table>
<tr><td colspan="3" align="center">모듈 명세서(19)</td></tr>
<tr><td colspan="2">모듈명</td><td>Print SolutionInfo Table</td></tr>
<tr><td colspan="2">파일명</td><td>vdbfs / solutioninfo.php</td></tr>
<tr><td colspan="2">기 능</td><td>SolutionInfo Table 출력</td></tr>
<tr><td rowspan="3">기능구성</td><td>입력</td><td>Table: SolutionInfo</td></tr>
<tr><td>처리</td><td>SolutionInfo Table의 ID, Type, VictimInfo_ID, Patch_ID, Remediation, VulnerabilityInfo_ID, Solution_Type 항목을 출력</td></tr>
<tr><td>출력</td><td>SolutionInfo Table 출력</td></tr>
</table>

<table>
<tr><td colspan="3" align="center">모듈 명세서(20)</td></tr>
<tr><td colspan="2">모듈명</td><td>Print VictimInfo Table</td></tr>
<tr><td colspan="2">파일명</td><td>vdbfs / victiminfo.php</td></tr>
<tr><td colspan="2">기 능</td><td>VictimInfo Table 출력</td></tr>
<tr><td rowspan="3">기능구성</td><td>입력</td><td>Table: VictimInfo</td></tr>
<tr><td>처리</td><td>VictimInfo Table의 ID, Type, OS, Version, Platform, Service, S_Version, Vic_Type 항목을 출력</td></tr>
<tr><td>출력</td><td>VictimInfo Table 출력</td></tr>
</table>

모듈 명세서(21)	
모듈명	Print VulnerabilityInfo Table
파일명	vdbfs / vulnerabilityinfo.php
기 능	VulnerabilityInfo Table 출력

기능구성	입력	Table: VulnerabilityInfo
	처리	VulnerabilityInfo Table의 ID, CVE_Code, Published_Date, Vulnerability_Name, Victim, ConseQuence, Type, Vul_Expression, Vul_Type, Description 항목을 출력
	출력	VulnerabilityInfo Table 출력

모듈 명세서(22)	
모듈명	VDBFS Menu
파일명	vdbfs / menu.php
기 능	vdbfs Table을 검색하기 위한 메뉴를 제공

기능구성	입력	CVE – Code Vulnerability_ID
	처리	CVE – Code와 Vulnerability_ID을 각 Table에서 선택하여 지정된 범위만큼 출력
	출력	CVE – Code와 Vulnerability_ID를 출력

모듈 명세서(23)	
모듈명	
파일명	vdbfs / print.php
기 능	CVE 값 혹은 Vul_ID와 관련 있는 VDBFS의 모든 Table 내용 출력

기능구성		
	입력	VulnerabilityInfo_ID VulnerabilityInfo_CVE_Code
	처리	- VulnerabilityInfo_ID 혹은 VulnerabilityInfo_CVE_Code와 일치하는 값을 VulnerabilityInfo에서 선택 - Vul_Expression에서 Atomic_Vulnerability_ID와 VictimInfo_ID를 추출 - Atomic_Vulnerability에서 Atomic_Vulnerability_ID와 일치하는 값을 선택 - VictimInfo에서 VictimInfo_ID와 일치하는 값을 선택 - ConfigureInfo Table의 VictimInfo_ID와 일치하는 값을 선택 - SolutionInfo Table의 VulnerabilityInfo_ID와 일치하는 값을 VulnerabilityInfo에서 선택하여 출력 - VulnerabilityInfo_ID가 일치하는 AttackInfo_ID를 AttackUseVulnerability에서 선택 - AttackInfo_ID와 일치하는 값을 AttackInfo에서 선택 - AttackInfo_ID와 일치하는 값을 InputTypeInfo에서 선택 - InputTypeInfo_ID와 일치하는 값을 CommandInfo에서 선택 - 선택한 값을 모두 출력
	출력	VulnerabilityInfo, Atomic_Vulnerability, VictimInfo, ConfigureInfo, SolutionInfo, AttackInfo, InputTypeInfo, CommandInfo에서 CVE-Code와 관련된 내용을 출력.

모듈 명세서(24)	
모듈명	Print ActionInfo Table
파일명	view / ActionInfo.php
기 능	ActionInfo Table 출력
기 능 구 성	입력	Table: ActionInfo

모듈 명세서(27)	
모듈명	Print AttackInfo Table
파일명	view / attackinfo.php
기 능	AttackInfo Table 출력
기능구성	입력	Table: AttackInfo
	처리	DefenseInfo의 CVE Column이 CVE‑Code, CAN‑Code가 아닌 것만 출력
	출력	AttackInfo Table 출력

모듈 명세서(28)	
모듈명	Search
파일명	search / search.php
기 능	검색할 항목을 입력할 폼을 출력
기능구성	입력	OS Version Service S_Version Search CVE_Search1 CVE_Search2 Attack1 Attack2 ActionInfo_Command ActionInfo_Type ActionInfo_Object ActionInfo_Description DefenseInfo_Aim DefenseInfo_Description
	처리	OS를 입력받아 search1.php에 값을 넘겨주어 되돌려받은 값에 의해 OS Version을 다시 출력 Service를 입력받아 search2.php에 값을 넘겨주어 되돌려받은 값에 의해 S_Version을 다시 출력
	출력	입력된 값을 search1.php, search2.php, search_save1.php, search_save2.php에 전달

모듈 명세서(29)	
모듈명	Search OS
파일명	search / search1.php
기 능	OS Version 선택
기 능 구 성	
입력	OS
처리	입력받은 OS와 일치하는 Version을 VictimInfo에서 선택하여 출력
출력	OS, Version의 값을 search.php에 입력

모듈 명세서(30)	
모듈명	Search Service
파일명	search / search2.php
기 능	Service Version 선택
입력	OS Version Service
처리	입력받은 Service와 일치하는 S_Version을 VictimInfo에서 선택하여 출력
출력	OS, Version, Service, S_Version의 값을 search.php에 입력

모듈 명세서(31)	
모듈명	Search All
파일명	search / search_save1.php
기 능	전체검색
입력	Search Search_Text
처리	검색할 내용을 Atomic_Vulnerability, VictimInfo, DefenseInfo, ActionInfo, VulnerabilityInfo에서 검색 두 단어 이상 검색을 지원하며 연산자는 AND 검색어가 없는 경우 모든 DefenseInfo의 내용을 출력
출력	검색결과를 DefenseInfo Table로 출력

<table>
<tr><td colspan="3" align="center">모듈 명세서(32)</td></tr>
<tr><td>모듈명</td><td colspan="2">Search Item</td></tr>
<tr><td>파일명</td><td colspan="2">search / search_save2.php</td></tr>
<tr><td>기　능</td><td colspan="2">항목별 검색을 수행</td></tr>
<tr><td rowspan="3">기
능
구
성</td><td>입력</td><td>OS
Version
Service
S_Version
CVE_Search1
CVE_Search2
Attack1
Attack2
ActionInfo_Type
ActionInfo_Command
ActionInfo_Object
ActionInfo_Description
DefenseInfo_Aim
DefenseInfo_Description</td></tr>
<tr><td>처리</td><td>Atomic_Vulnerability, VictimInfo, DefenseInfo, ActionInfo, VulnerabilityInfo에서 검색한다.
OS, Version, Service, S_Version
CVE_Search1, CVE_Search2
Attack1, Attack2
ActionInfo의 Type, Command, Object, Description
DefenseInfo의 Aim, Description을 각각 AND로 검색
여러 값을 입력받은 경우 우선순위를 두어 검색</td></tr>
<tr><td>출력</td><td>검색결과를 DefenseInfo Table로 출력</td></tr>
</table>

제3절 웹 인터페이스

1. 첫 화면

첫 화면이 보이기에 앞서 플래시로 제작된 소개 화면이 간단하게
나타난다. 5초 후에 첫 화면으로 자동 전환되며, [skip] 버튼을 통해
바로 이동할 수도 있다.

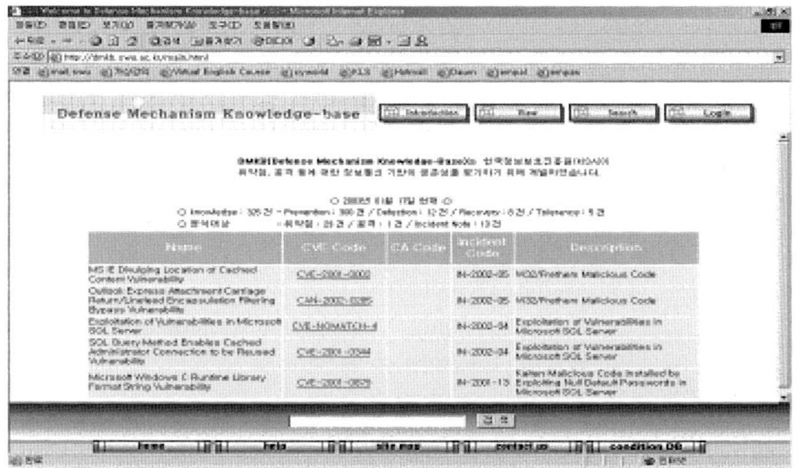

DMKB 메인 화면으로 현재 날짜와 등록되어 있는 데이터의 건수가
표시된다. 편리한 사용을 위해 주요 메뉴를 아이콘 형식으로 배치하였
으며, 상단의 아이콘들은 DMKB의 주요 기능을 소개하는 [Introduction],
데이터를 보여주는 [View], 내용을 검색해 주는 [Search], 관리자 로그
인을 위한 [Login]이다. 하단의 아이콘들은 부가적인 정보를 제공하기

위해 사용되며, 사용자가 DB를 분류해 놓은 기준에 대한 이해를 돕기 위한 [help]와 전체 사이트 내용을 보여주는 [site map]과 기존의 취약성 DB의 내용을 보여주는 [condition DB]로 구성되어 있다.

2. View

View의 첫 화면은 취약점을 기준으로 방어 메커니즘을 볼 수 있는 Vulnerability based 내용이 제공된다. Name, CVE Code, CA code, Incident Code, 설명(Description)을 제공한다. 이와 함께 공격 기반으로 방어 메커니즘을 볼 수 있는 Attack based를 볼 수 있으며, 지식 표현의 근거가 되는 Defense DB와 Action DB를 볼 수 있다.

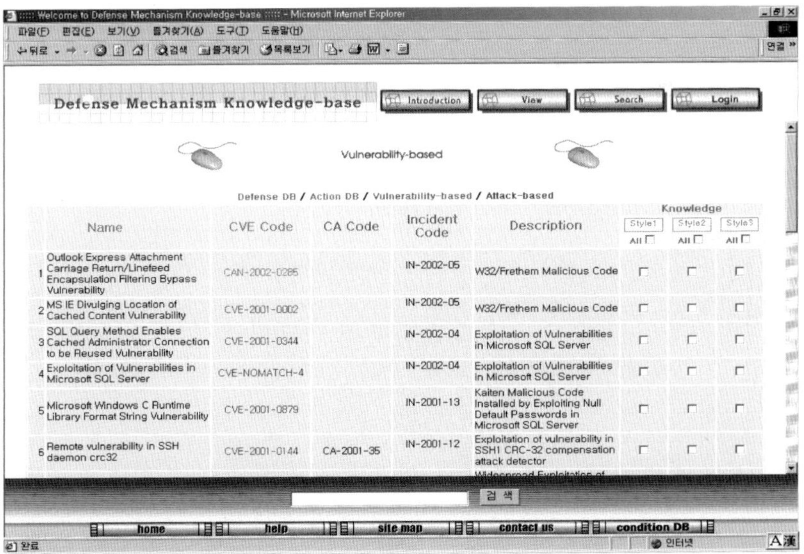

View는 Vulnerability based 외에도 공격을 중심으로 Knowledge 를 보여주는 Attack based, 방어 메커니즘 지식베이스의 내용을 바 로 볼 수 있는 Defense DB, Action DB가 제공된다.

3. Knowledge 보기

Knowledge를 보기를 원한다면 View의 Vulnerability based, Attack based, Defense DB에서 원하는 항목을 체크하여 Knowledge를 선택한 후, Style1, Style2, Style3 버튼을 누르면 원하는 지식을 볼 수 있다. 앞에서 말했던 것처럼 3가지의 style로 제공되며 복수개의 선택이 가 능하다. Vulnerability based에서 knowledge를 선택하면 다음과 같이 나 타난다.

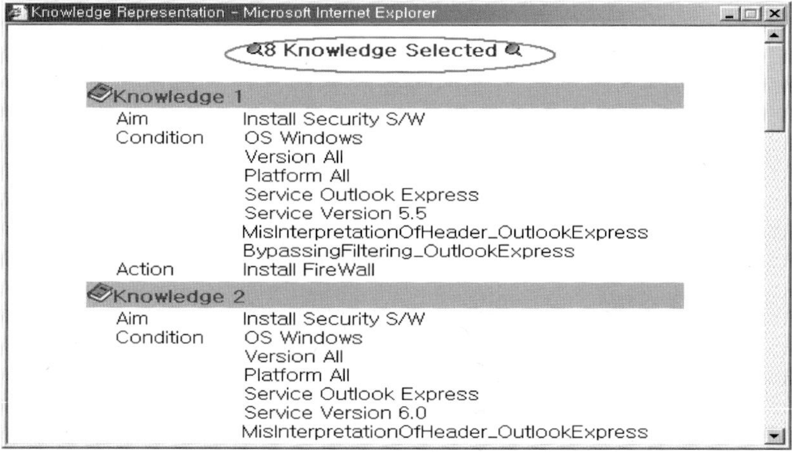

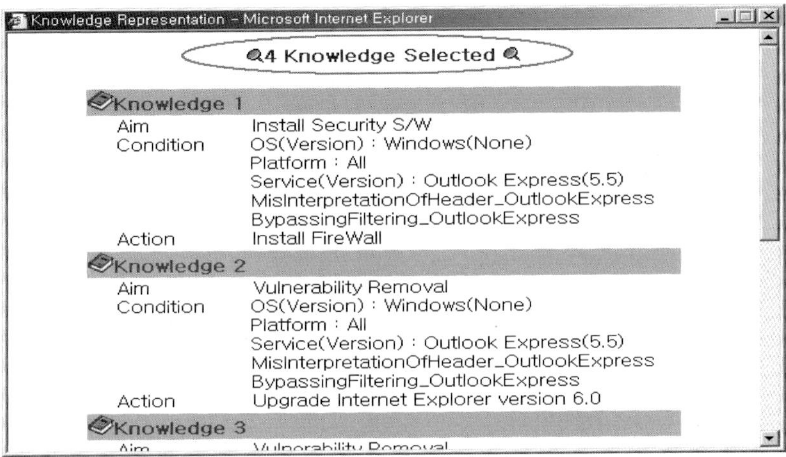

Knowledge Representation - Microsoft Internet Explorer
4 Knowledge Selected
Knowledge 1
Aim   Install Security S/W
Condition   OS(Version) : Windows(None)
             Platform : All
             Service(Version) : Outlook Express(5.5)
             MisInterpretationOfHeader_OutlookExpress
             BypassingFiltering_OutlookExpress
Action   Install FireWall
Knowledge 2
Aim   Vulnerability Removal
Condition   OS(Version) : Windows(None)
             Platform : All
             Service(Version) : Outlook Express(5.5)
             MisInterpretationOfHeader_OutlookExpress
             BypassingFiltering_OutlookExpress
Action   Upgrade Internet Explorer version 6.0
Knowledge 3
Aim   Vulnerability Removal

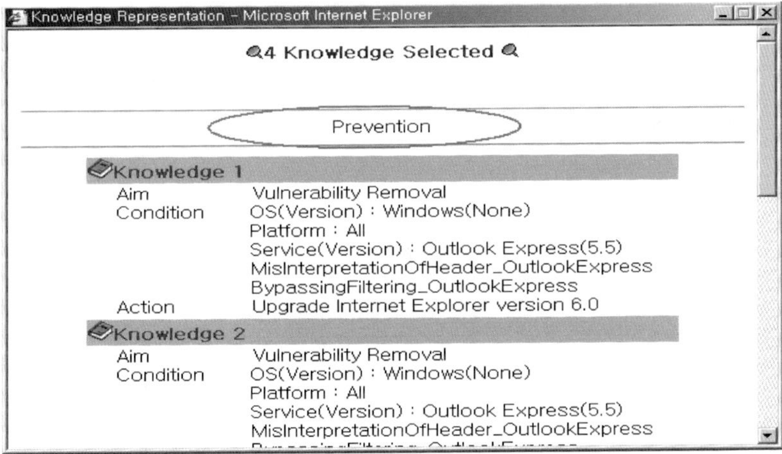

Knowledge Representation - Microsoft Internet Explorer
4 Knowledge Selected
Prevention
Knowledge 1
Aim   Vulnerability Removal
Condition   OS(Version) : Windows(None)
             Platform : All
             Service(Version) : Outlook Express(5.5)
             MisInterpretationOfHeader_OutlookExpress
             BypassingFiltering_OutlookExpress
Action   Upgrade Internet Explorer version 6.0
Knowledge 2
Aim   Vulnerability Removal
Condition   OS(Version) : Windows(None)
             Platform : All
             Service(Version) : Outlook Express(5.5)
             MisInterpretationOfHeader_OutlookExpress

4. 검색 기능

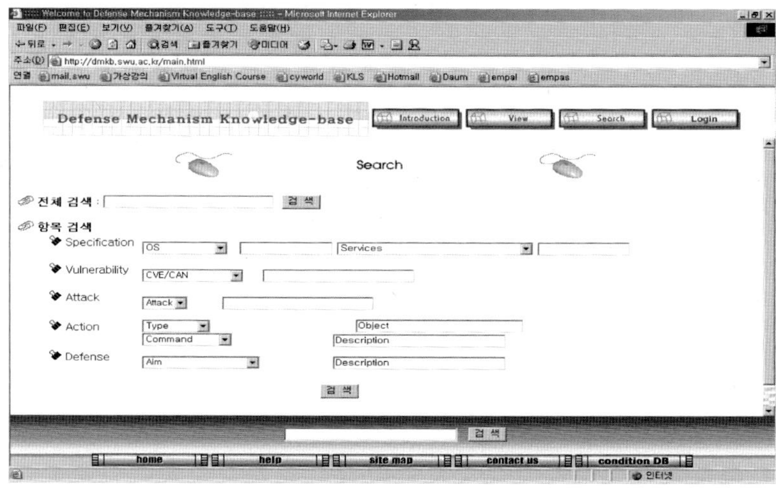

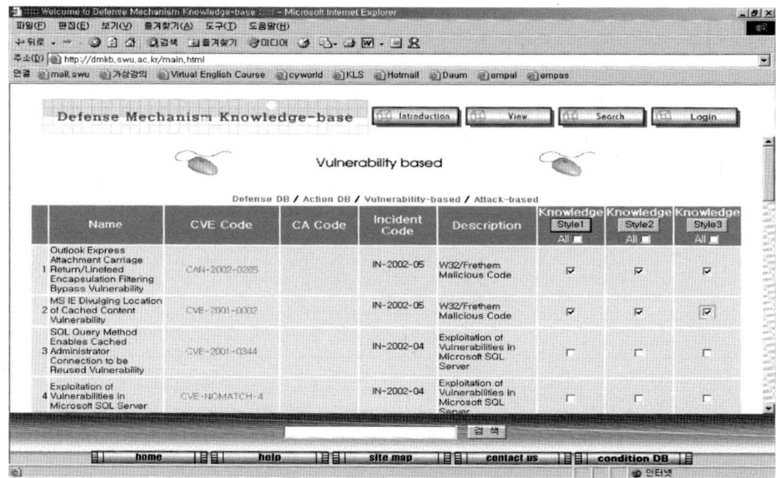

DMKB의 내용을 검색할 수 있도록 하는 Search는 전체 검색과 항목 검색으로 분류되어 구성되어 있다. 전체검색은 복수개의 문자열 입력이 가능하고 복수개의 문자열이 입력될 경우에는 And 연산을 적용하는 것을 기본으로 한다. 따라서 검색을 원하는 문자열을 입력해 주면 그 해당 문자열에 관련된 Vulnerability based 방어 메커니즘의 내용을 선택하여 보여준다. 결과 화면에서 Attack based의 내용과 Defense DB의 내용도 선택하여 볼 수 있다.

항목 검색에서는 조건을 중심으로 Knowledge를 검색해 볼 수 있다. Condition DB에서 제공하는 Specification, Vulnerability, Attack에 대한 항목별 검색을 지원한다. 별도의 리스트 상자를 제공하여 현재 DMKB에 저장되어 있는 정보들을 실시간으로 보여주어 선택의 정확성을 높였다. Action DB에서 제공하는 Action Set와 Defense DB에서 제공하는 Defense의 내용에 대해서도 검색이 가능하며, 역시 리스트 상자를 통해 DMKB에 저장되어 있는 정보들을 실시간으로 보여주어 선택할 수 있게 하였다. 이 외에도 편리한 검색을 위해 전체화면 하단 프레임에 별도의 검색창을 구현하였다. 이것은 Search의 전체 검색과 동일하게 동작한다.

5. DMKB 관리

DMKB 관리를 위해 별도의 관리자 모드를 제공한다. 이를 위해 Login 메뉴를 선택하면 ID와 password를 입력하는 화면이 나타나고 admin ID에 password를 입력하면 다음과 같은 화면이 나타난다.

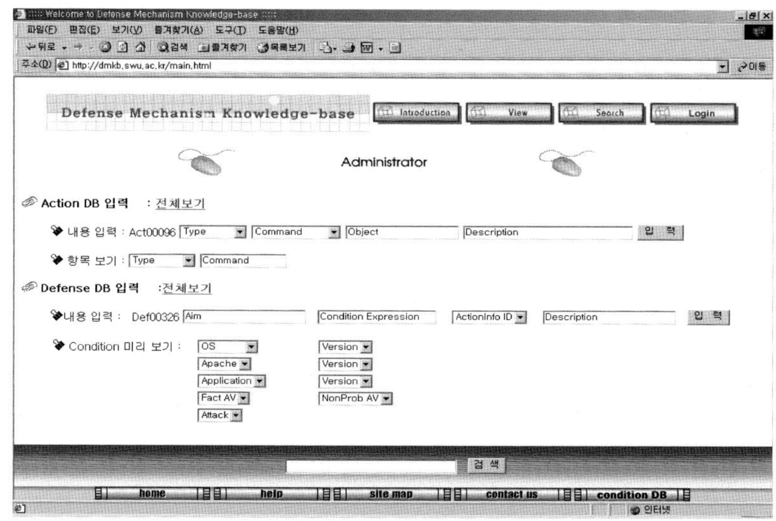

여기서는 Action DB, Defense DB에 대한 입력이 가능하다. 입력
의 편이를 위해 연관된 항목의 미리 보기 기능도 제공한다. 전체보
기를 통해 특정 항목에 대한 수정, 삭제가 가능하다.

6. condition DB

DMKB의 방어 메커니즘을 제공하는 데 참조되는 condition DB의
정보를 제공한다. Condition DB는 다음과 같은 구조로 구성되어 있
다. 기본적으로 CVE code를 기반으로 내용을 볼 수 있다. 연도별로
정리되어 있어서 마우스를 이용하여 편리하게 항목을 볼 수 있으며,
CVE에 대해서 Vulnerability Information, Attack Information을 제
공한다.

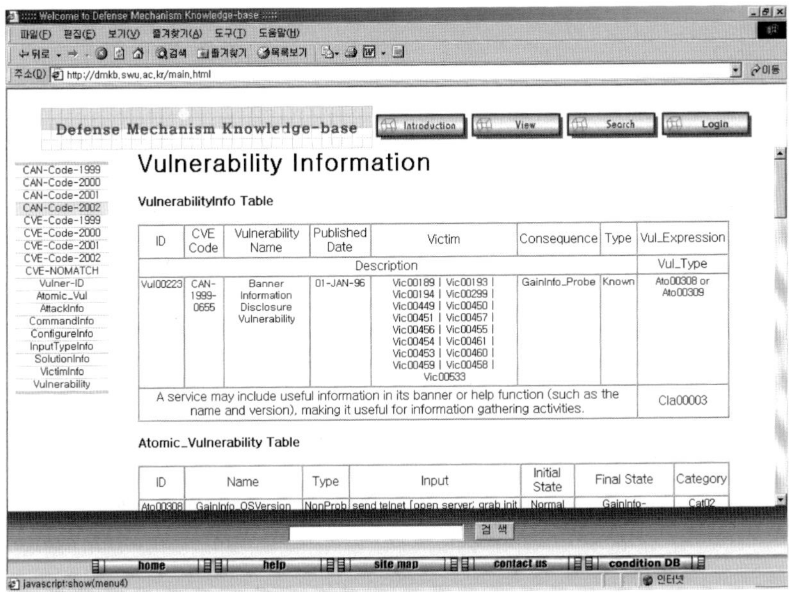

Condition DB가 제공하는 다양한 세부 테이블 내용도 참조가 가능하다. VulnerabilityInfo, Atomic_Vulnerability, VictimInfo, AttackInfo, CommandInfo, ConfigureInfo, InputTypeInfo, SolutionInfo Table 출력을 제공한다.

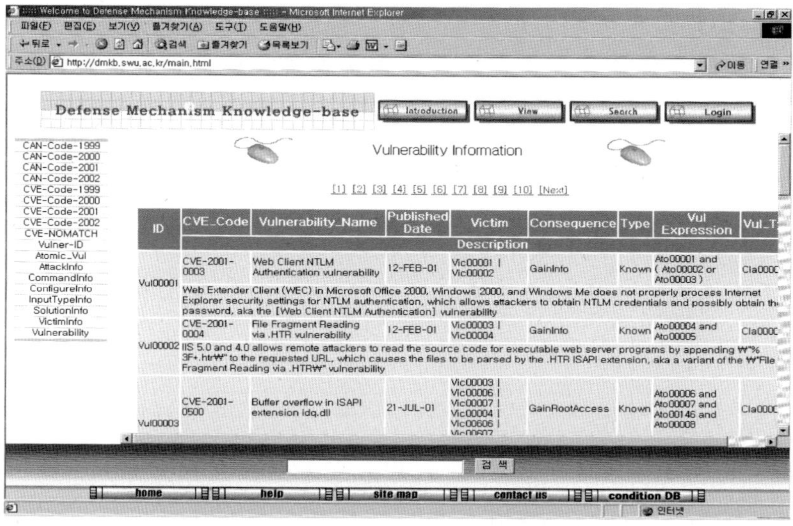

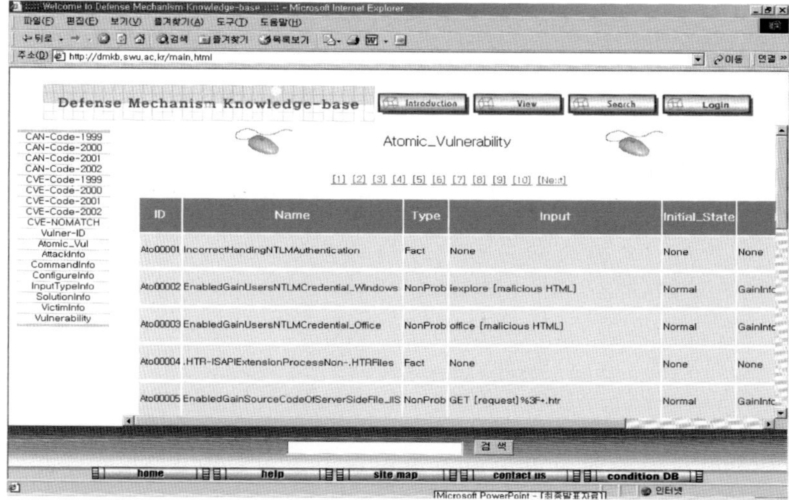

Defense Mechanism Knowledge-base
Introduction   View   Search   Login
Vulnerability Information
[1] [2] [3] [4] [5] [6] [7] [8] [9] [10] [Next]
CAN-Code-1999
CAN-Code-2000
CAN-Code-2001
CAN-Code-2002
CVE-Code-1999
CVE-Code-2000
CVE-Code-2001
CVE-Code-2002
CVE-NOMATCH
Vulner-ID
Atomic_Vul
AttackInfo
CommandInfo
ConfigureInfo
InputTypeInfo
SolutionInfo
VictimInfo
Vulnerability
ID | CVE_Code | Vulnerability_Name | Published Date | Victim | Consequence | Type | Vul Expression | Vul_T
Description
Vul00001 | CVE-2001-0003 | Web Client NTLM Authentication vulnerability | 12-FEB-01 | Vic00001 | Vic00002 | GainInfo | Known | Ato00001 and (Ato00002 or Ato00003) | Cla000C
Web Extender Client (WEC) in Microsoft Office 2000, Windows 2000, and Windows Me does not properly process Internet Explorer security settings for NTLM authentication, which allows attackers to obtain NTLM credentials and possibly obtain the password, aka the [Web Client NTLM Authentication] vulnerability
Vul00002 | CVE-2001-0004 | File Fragment Reading via .HTR vulnerability | 12-FEB-01 | Vic00003 | Vic00004 | GainInfo | Known | Ato00004 and Ato00005 | Cla000C
IIS 5.0 and 4.0 allows remote attackers to read the source code for executable web server programs by appending ₩%3F+.htr₩ to the requested URL, which causes the files to be parsed by the .HTR ISAPI extension, aka a variant of the ₩"File Fragment Reading via .HTR₩" vulnerability
Vul00003 | CVE-2001-0500 | Buffer overflow in ISAPI extension idq.dll | 21-JUL-01 | Vic00003 | Vic00006 | Vic00007 | Vic00004 | Vic00606 | Vic00607 | GainRootAccess | Known | Ato00006 and Ato00007 and Ato00146 and Ato00008 | Cla000C
검 색
home   help   site map   contact us   condition DB
인터넷

Defense Mechanism Knowledge-base
Introduction   View   Search   Login
Atomic_Vulnerability
[1] [2] [3] [4] [5] [6] [7] [8] [9] [10] [Next]
CAN-Code-1999
CAN-Code-2000
CAN-Code-2001
CAN-Code-2002
CVE-Code-1999
CVE-Code-2000
CVE-Code-2001
CVE-Code-2002
CVE-NOMATCH
Vulner-ID
Atomic_Vul
AttackInfo
CommandInfo
ConfigureInfo
InputTypeInfo
SolutionInfo
VictimInfo
Vulnerability
ID | Name | Type | Input | Initial_State
Ato00001 | IncorrectHandingNTLMAuthentication | Fact | None | None | None
Ato00002 | EnabledGainUsersNTLMCredential_Windows | NonProb | iexplore [malicious HTML] | Normal | GainInfo
Ato00003 | EnabledGainUsersNTLMCredential_Office | NonProb | office [malicious HTML] | Normal | GainInfo
Ato00004 | .HTR-ISAPIExtensionProcessNon-.HTRFiles | Fact | None | None | None
Ato00005 | EnabledGainSourceCodeOfServerSideFile_IIS | NonProb | GET [request] %3F+.htr | Normal | GainInfo
검 색
home   help   site map   contact us   condition DB
[Microsoft PowerPoint - [침해발표자료1]]
인터넷

126

· 저자 ·

최은정   •약 력•
          서울여자대학교 이학사
          서울여자대학교 이학석사
          서울여자대학교 이학박사
          현 서울여자대학교 바롬교육대학 교양전산 전임강사

정보통신기반 방어기술

• 초판 인쇄	2008년 10월 31일
• 초판 발행	2008년 10월 31일
• 지 은 이	최은정
• 펴 낸 이	채종준
• 펴 낸 곳	한국학술정보㈜
	경기도 파주시 교하읍 문발리 513-5
	파주출판문화정보산업단지
	전화 031) 908-3181(대표) · 팩스 031) 908-3189
	홈페이지 http://www.kstudy.com
	e-mail(출판사업부) publish@kstudy.com
• 등 록	제일산-115호(2000. 6. 19)
• 가 격	8,000원

ISBN   978-89-534-0203-4 93560 (Paper Book)
       978-89-534-0204-1 98560 (e-Book)